长得漂亮是优势
活得漂亮是本事

兰若兮◎著

ZHANG DE PIAOLIANG
SHI YOUSHI,
HUO DE PIAOLIANG
SHI BENSHI

北方妇女儿童出版社

长春

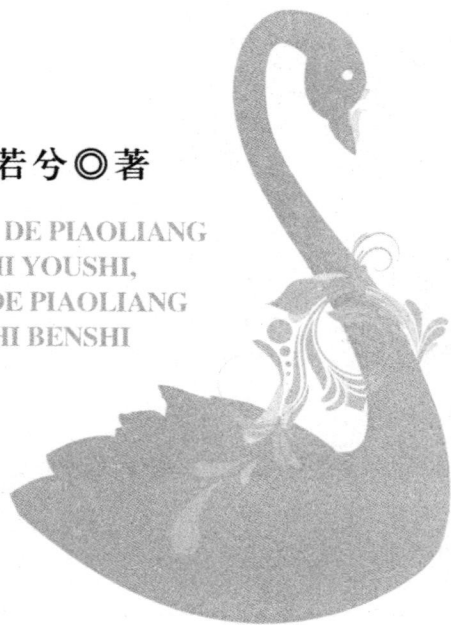

图书在版编目（CIP）数据

长得漂亮是优势，活得漂亮是本事 / 兰若兮著．--
长春：北方妇女儿童出版社，2015.6
　　ISBN 978-7-5385-8331-1

　　Ⅰ．①长… Ⅱ．①兰… Ⅲ．①女性－修养－通俗读物
Ⅳ．① B825-49

中国版本图书馆 CIP 数据核字（2015）第 050380 号

出 版 人：刘　刚
出版统筹：师晓晖
选题策划：慢半拍·马百岗
责任编辑：张晓峰
封面设计：回归线视觉传达
版式设计：颜森设计
开　　本：700mm×1000mm　1/16
印　　张：13
字　　数：180千字
印　　刷：北京盛华达印刷有限公司
版　　次：2015年6月第1版
印　　次：2015年6月第1次印刷

出　　版：北方妇女儿童出版社
发　　行：北方妇女儿童出版社
地　　址：长春市人民大街4646号
　　　　　邮编：130021
电　　话：编辑部：0431-86037512
　　　　　发行科：0431-85640624

定　　价：29.80元

Contents 目录

Part3

女人要优雅：
外在气质是你的第一张名片

Part4

女人要坚强：
不怕千万人阻挡，
只怕自己投降

Part5

女人要有激情：
等来的只是命运，
拼出来的才是人生

Part6

女人要上进：
哪怕一无所有，
也要永不止步

Part7

女人要有梦想：
梦想这条路踏上了，
跪着也要把它走完

Part1

女 人 要 自 信:
心中怕做"强人",注定就是弱者

相信自己有能力和力量，能做出与众不同的贡献：卡莉·费奥瑞纳

卡莉·菲奥瑞纳洒脱且睿智的处事方式让人难以忘记。尤其是在领导惠普走上一条全新道路的时候，卡莉的知名度更是急剧攀升，因此，人们常常将她比喻成"商界第一夫人"。然而，在卡莉·费奥瑞纳成功的道路上，她自认为最重要的是她比别人多了一些新的发现。

费奥瑞纳从小就对中世纪文化和历史有着浓厚的兴趣。人们常说"读史使人明智"，的确，对历史的学习使费奥瑞纳感受到了前所未有的提升和锻炼。读大学时，费奥瑞纳最喜欢上一位年轻且粗犷的男教授的课程。费奥瑞纳之所以会喜欢这位男教授的课程，是因为他能够在较短的时间内将上百页的著作，用两页纸提炼出来。费奥瑞纳认为这必定是那位教授的特长，而她也想成为一个可以浓缩精华的人。于是，在接下来的时间里，费奥瑞纳每次都会提前总结自己的课程，并期望能够从中发现一些新的学习方法。

从这个男教授的课上，费奥瑞纳总结出了很多学习方法，而且对考试很有利。当时，美国大学对历史学科的考试非常地严格，学生们的教科书往往都是按摞累计，而试卷只有两张，所以要想取得好成绩，就必须要对这些厚厚的教科书熟背详记。因此，凡是历史系的学生大都戴着厚重的近视眼镜，每天都会抱着书背诵。尽管这样，每次的考试也会有学生不能通过。

而费奥瑞纳通过研究男教授的授课产生了一些奇思妙想，经过不断的总结和整理，竟总结出了一套科学且便捷的学习方法。这套学习方法既能让学生们很快地提炼出课本的精华，还能够让学生们学会自学，找到重点，进而强化知识，利于吸收。

　　费奥瑞纳将这种学习方法推广到了历史系的同学中，一开始很多学生半信半疑，但是有些学生使用了，并且还发现这个方法非常见效。很快，有更多的学生使用了这个方法，而且学生们的反映都很热烈。事后，费奥瑞纳甚至幽默地说道："我可以去开设点子公司了。"

　　这次经历让她尝到了发现的滋味，同时也让她有了一点点的成就感。费奥瑞纳从这时开始真正地着手计划她的商界人生。

　　大学期间，费奥瑞纳提交了校外打工的请求。当然，一开始的初衷也是由于她想要在经济上尽早独立。在众多的公司里，费奥瑞纳挑选了当时正值风头的惠普。也许有人会问：一个学历史的人去一个以计算机为主要领军力量的公司，能有什么发展前途呢？可是，费奥瑞纳却不以为然，她说："我虽然不懂网络，但是我相信，只要有一双发现的眼睛，就能够发现他人所看不到的财富和商机。"费奥瑞纳凭借这一点来到了惠普打工，并且很快被录用了。

　　费奥瑞纳曾经说过："一个成功的人，势必将会是一个成功的推销者。"于是，费奥瑞纳在惠普开始了短暂的推销生涯。与公司的其他人相比，费奥瑞纳在年龄上显得有些年轻，而且其口才也并不突出。费奥瑞纳一开始积极努力地打电话或外出进行推销，但是却没有多大的起色，于是她想，是什么让推销变得起来越困难的呢？后来，她在

一次慈善晚会中发现了人们之间的冷漠和隔阂，所以在接下来的推销工作中，她很注重与对方的亲切交谈和相处。她认为，推销者不能变成一个开口闭口都是价钱和产品的人，推销者更应该是一个心理安慰者。她与客户真心交流，并且不会用一些商业性的话语来阻隔彼此之间的交流，这样一来，费奥瑞纳的销售额在不经意间上涨了很多，而与费奥瑞纳交流过的人，包括一些公司的高层领导都向这个年轻的女孩提交了订货单。就这样，在惠普实习期间，费奥瑞纳用一种智慧的眼光看到了他人所不能发现的财富，这令她很快成了惠普销售部门的热点人物。

虽然费奥瑞纳后来离开了惠普，但是她却将这种方法保留了下来。人们纷纷效仿她，以致惠普在短时间内，其销售额逐渐上升，而谁也没料到惠普的销售额上涨的原因竟然是来自一个斯坦福大学的实习生，更没有人想到多年之后，这个实习生竟然掌控了惠普。

毫无疑问费奥瑞纳是有一双会发现的眼睛，这双慧眼不但让费奥瑞纳发现了很多他人看不到的财富，还让费奥瑞纳成为了各个公司争相纳入旗下的重要员工，随之迎接她的不仅仅是财富，还有蒸蒸日上的商业地位。

我的锋芒源于对胜利的渴望：李娜

李娜，一个非常平凡的名字，但在亚洲网球界却是一个沉甸甸的存在，她是亚洲网球女单排名最高的选手，亚洲第一位大满贯女子单打冠军。2011 年法网夺冠之后，国内掀起了一阵网球热，一时间她成为了全民偶像，体坛英雄。在中国运动员中的影响力一时间超越了姚明与刘翔，个人事业达到了顶峰。

在一次采访中，李娜坦言在与主教练卡洛斯合作的一年时间里，有一些时刻，她会非常害怕与他面对面。因为卡洛斯会挖掘人内心中很多不愿意透露的东西。李娜说："今年红土赛季上我的表现很不好，在马德里、罗马和巴黎相继输了球，输球后的心情可想而知，而卡洛斯当时并没有跟我多说什么，只是很温柔地告诉我：'你今天先休息，明天的几点几点，咱们在房间里总结一下。'当那个时间快到了的时候，我非常想逃避。与他谈话的过程非常痛苦，我真的害怕他把我内心的秘密全部挖掘出来。"

那么李娜不希望被挖掘的东西是什么呢？

"是我对自己不够自信、甚至很自卑的心态。我在关键时刻，拿不出那份自信去面对困难。"李娜回忆说，"自己自卑的根源来自于年幼时期那些不愉快的训练经历，十二三岁时我和余丽桥教练一起训练，直到 21 岁我第一次退役时一直都是跟着她的。那段时间里，我没有听到过一句表扬，不只是对我，她对所有人都是这样。所以这么多

年积累在一起，我一直都认为自己是不优秀的。即使到了现在，每当面对困难时，这种潜意识就会不自觉地跑出来。"

针对李娜的自卑情绪，卡洛斯给她开出了"药方"——让她找到余丽桥教练，用至少20分钟的谈话去解开这个心结。

对于这个半带命令式的意见，一开始李娜很排斥——"当时我觉得这不可能，我怎么去找她？一个30岁的李娜，去找她，然后说她伤害了15岁李娜的心？在去的路上我还在想，我怎么可以做这样的事情，我怎么现在还去找她聊呢。但是当我去了，和她聊完了之后，我发现神奇的事情出现了，我们俩竟然心平气和地聊了20分钟，我不是说完全认可了自己，只能说是我可以去接纳自己了，这是挺伟大的第一步。"

2013年法网1/4决赛中，李娜输给了上届亚军拉德万斯卡。李娜说："那场比赛输了之后，我一点都不懊恼，我非常高兴在比赛中严格地执行了赛前与教练沟通的技术。其实我知道那天上网很多，但是当赛后我拿到技术统计表，看到是71次的时候，我跟卡洛斯说，这真的比我这辈子上网的次数都多，而且是在这么重要的大满贯1/4比赛之中。"

在被记者问及她是不是比赛结束之后就去寻找卡洛斯的位置时，李娜笑着说："不用找，我知道他在哪儿。他给我竖起了大拇指，也是对我在这么重要的比赛中敢于尝试的一个鼓励。其实这个手势很难出现，别说15岁了，25岁也没有。很少有教练会给出竖大拇指的手势，赢球可以理解，但是那次我输了。"说到这里李娜已经热泪盈眶："其实就像是一个天平，两端一面是竖起的大拇指，一面是一些很消极的东西。虽然比赛输了，但是我第一次觉得自己已经尽力了，为自己感到骄傲。当我跟团队见面的时候，卡洛斯给我拥抱，他说你非常棒，我说我输了，他说没关系，你已经改变了。"

谈到法网与拉德万斯卡的那场比赛，李娜说："那个时候在场上打比赛很煎熬，就是你完全不相信自己可以扭转局势但是还要继续去打。当我在第三盘第3局的时候，大概就已经预知了比赛的结果，最后觉得对手就跟一面墙一样，你怎么打对手都可以打回来，找不到任何解决的办法，不相信自己可以去逆转局面。"法网比赛的失利让她非常难受，她说："当时我们一起坐车从伊斯特本到温布尔登，我对卡洛斯说：'我不想打了，我想退役。每个人都有状态好或者状态不好的时候，但是我的这种不好的状态已经有3个月了，我不知道自己可不可以走出来。'卡洛斯说：'没关系，你好好想想吧，要是你真的想放弃，我们就走。'然后他就走了，第二天没有训练。第三天我说：'好吧，就当温网是我最后一场比赛，看看会怎样。'当时真的就拿这个当我的最后一次比赛，看我会有怎样的感受。"

输掉法网后，李娜在卡洛斯的支持下迎战温网，用李娜自己的话来说："就当温网是我的最后一场比赛"。从法网到温网，留给李娜调整的时间只有20天。

温网第三轮对阵扎科帕洛娃的比赛李娜赢得了历史性的胜利，李娜说："当时决胜盘是她先破发，那一瞬间我脑海中突然有一个画面，就是我想象到自己背着包去机场坐飞机离开，然后心脏特别难受，我就想不能这样。后面的比赛我赢了，其实特别特别地兴奋，就觉得自己和原来不一样了。虽然在场上发挥得不好，但是因为自己的每一拍

都拼尽了全力，后来我想，最起码证明给自己看，我是没问题的。"
结果，凭借自己不懈的努力和卡洛斯的坚定支持，李娜终于重拾了胜利，
欢呼袭来的那一刻，李娜与卡洛斯紧紧相拥在一起。李娜说："比赛
打到最后我感到自己对胜利的渴望又回来了。在休息室里我对自己说：
'原来你还是可以做到的。'"

　　熟悉李娜的球迷都知道，她是一位性情中人，几乎不会去掩饰什么，
即使是在公众场合。法网第二轮输球之后，李娜的一句"难道要我对
他们（球迷们）三叩九拜道歉吗？"把自己推上了舆论的风口浪尖。
而几个月之后李娜已经可以心平气和地谈及此事了："我的态度不好
是对某些记者，其实我不太愿意去解释，因为我坚信流言止于智者。
但随着经历越来越多，我也慢慢地学会了保护自己。很感谢那些真正
支持我的人，我会尽力把最好的一面展现给大家，也非常期待能够看
到更多的鼓励（竖起大拇指），因为那会激发出我内心更深层的东西——
对胜利的渴望。"

抛弃独特等于平庸：辛迪·克劳馥

辛迪·克劳馥是美国超级名模。根据《福布斯》杂志的介绍，其身价在 1995 年时就已经达到了 690 万美元，成为全球酬金最高的模特。她有着 176 厘米的身高，征服世界的外貌，她的照片包括《人物》在内的 600 多家杂志封面都刊登过，后来她又进军影视界，获得的荣誉有"世界上第二大美女""20 世纪百名性感女星"第五名，她是当之无愧的模特中的模特，是美丽的化身。

模特给很多人的印象往往是胸大无脑，只是凭着出众的身材混饭吃，但是辛迪·克劳馥却很聪明，读书时很刻苦，成绩单上全是 A，是一名不折不扣的全优生。由于出生于蓝领家庭，家里条件并不好，辛迪从来不化妆，在学校也常常穿着最廉价的衣服，而那时的她已经发育得身材高挑，美丽动人，最不起眼的衣服穿在她身上也会有与众不同的感觉。

辛迪的人生在 18 岁那年发生了改变，那时她已经进入了大学学习，并且获得了奖学金，一位摄影师发现了她的美丽，找到了她，希望她能去他的一位化妆师朋友那里做一名模特，"当然可以试试！"经济上一直比较拮据的辛迪满口答应。于是，辛迪来到了摄影师朋友的公司。

那位化妆师一看到辛迪，立刻觉得头晕目眩：这个女孩实在是太美了。这样的气质，这样的身材，简直是万里挑一啊。他看了看自己的小公司，觉得这样小的地方留下如此美丽的姑娘实在不合适，他看

出辛迪是可以做一番大事业的，于是便建议她去芝加哥发展，他认为那里才是她施展才华的地方。

这让辛迪觉得很有趣，即使做不成模特，去芝加哥转一转也没什么损失，于是她打定了主意。辛迪在芝加哥找到了一家模特经纪公司，负责人盯着辛迪看了一会儿，觉得辛迪的确非常出众，身材、外貌、气质都是一流的，但是，美中不足的是，辛迪的嘴角有一颗痣，负责人建议辛迪把这颗痣去掉，并表示只要去掉这颗痣，辛迪就无可挑剔了，就可以实现做模特的梦想了。

没想到辛迪却很为自己的那颗痣骄傲，她从来没有觉得这是什么缺陷，相反却认为这颗痣使自己显得更加的妩媚，更加的与众不同，玛丽莲·梦露不是也有一颗痣吗？谁会否定她的美丽？辛迪想保留这颗痣。"我不想去掉这颗痣，这是独一无二的标志。"辛迪拒绝了那家公司的建议。她觉得自己也不是非要走模特这条路不可，来芝加哥纯属偶然。辛迪收拾行李回到了家乡，在她看来，这也没什么大不了的。

就在辛迪以为自己可以安心地回学校读书时，机会又一次到来了，看来辛迪命中注定就是要做模特。辛迪的照片再一次被一位有眼光的经纪人安德森发现了，毫无疑问，同为女性的她也被辛迪深深地吸引了，觉得那是一种独一无二的美。只是那些为辛迪拍照的摄影师并没有充分挖掘出辛迪最迷人的气质，如果辛迪能碰到一名一流的摄影师将会一鸣惊人。

安德森决定做辛迪的伯乐，于是在了解到辛迪的住址之后，她直奔那里而去。但是安德森并没有见到辛迪，而是见到了辛迪的母亲，辛迪此时由于找到了一份剥玉米的工作正在玉米地里忙碌。安德森开门见山，向辛迪的母亲说明了来意，但是辛迪的母亲并不认为辛迪有成名的潜力，而是希望她找一份踏踏实实的工作。安德森费了很多口舌，才说服了辛迪的母亲，带着辛迪再次来到了芝加哥。

但接下来的局面仍然是在重复上一次的剧情，那些客户都对辛迪嘴角的那颗痣耿耿于怀，要她想办法弄掉它。辛迪慢慢地也有点动摇了，难道那颗痣真的是自己事业的绊脚石？而安德森此时却给了她最大的支持："不要弄掉它，总有那么一天，它将成为你的标志。"辛迪恢复了自信，一定要凭借自己的气质让那颗痣显得与众不同！

终于，一家内衣厂厂商看中了辛迪，觉得她很适合做内衣广告。就这样，辛迪终于等来了自己的机会。辛迪接受了这份工作，拍摄了内衣广告。广告播出之后便引起了轰动，各大时尚杂志争相用辛迪的照片做封面，辛迪一鸣惊人。而在那些照片中，辛迪的嘴角依然有痣，和过去完全一样，但是根本没人去注意这些，即使注意到了，也会觉得拥有这颗痣的辛迪是那样的性感，还有一些粉丝从中解读出了桀骜不驯的个性，总之大家都以大量的褒义词来评价辛迪的那颗痣。

辛迪后来成为美国最炙手可热的著名模特，被媒体称为"典型美人"，只要她一出场，狂热的粉丝就会异口同声地喊她的名字，此时的辛迪当然很庆幸自己当初没有听从那些模特公司的话把痣弄掉，如果真的那样做了，辛迪也就没有现在的那种独树一帜的气质了。"我已经有名气了，全世界都靠这颗痣认识我！"辛迪为这颗痣而骄傲，她成功地把那颗痣隐藏起来，不过不是靠高超的化妆技术以及摄影技

术，而是靠气质给予了那颗痣丰富的内涵。

后来辛迪又成为成功的节目主持人以及演员，还出过书，游刃有余地游走在各个行业，她不吸烟、不喝酒，而且始终保持着谦虚的态度。一位记者认为虽然在时装界没有完美的人，但是辛迪·克劳馥从人品和成就上来说都是最杰出的。

让世界上所有的女人都有美丽的机会：雅诗·兰黛

　　雅诗·兰黛是以其个人名字命名的公司，该公司目前已经发展成为全球最大的护肤、化妆品以及香水公司。雅诗·兰黛，这个有着浪漫诗意的中文译名的女性，却是一位来自纽约皇后区的"灰姑娘"，她依靠自己的聪明才智成为了时尚皇后，成功地书写了戏剧性的人生传奇。《时代》周刊在1998年的评选中将雅诗·兰黛选为"20世纪20名最有影响力的商业天才"之一，雅诗·兰黛也成为唯一榜上有名的女性。

　　兰黛生长在贫民区，但是她的皮肤天生就很好，而且她也是一位很爱美的女孩子，从小她就学着大人的样子给自己和别人化妆。她有一个做药剂师的叔叔，能制作出各种护肤品，而兰黛在给叔叔帮忙时，自然成为了实验者。也正是这样的经历改变了兰黛的一生，一个梦想中的化妆品帝国在她的脑海中慢慢孕育而生，她要让世界上所有的女人都有美丽的机会。

　　雅诗·兰黛公司创立之初，只有清洁油、面霜、润肤液以及全效润肤精华四款产品，兰黛为了自己的产品四处奔波，而且还到大街上向熙熙攘攘的人群推荐自己的产品，让那些从她身边经过的每一个女人来体验。她还为自己定下了"每天至少接触50张脸"的工作量。为了能在纽约第五大道Saks百货公司有一个专柜，她展现了

自己出众的口才，她每天都去找百货公司的总经理向他们提出申请专柜的事，终于有一天，她被带到了总经理面前。她在总经理面前做了两件事，一件是要求用 10 分钟时间介绍产品，另一件是让总经理试用，以争取为自己赢得一个不起眼位置的机会。兰黛深信产品只要接触到顾客就等于取得了成功的一半，她总是让顾客去试用自己的产品，并开创了护肤品试用的先河，从而为自己的成功赢得了一个立足点。

兰黛后来为全世界追求时尚的女性奉献了一款经典的香水。在 20 世纪 50 年代之前，香水属于奢侈品，由于价格昂贵，普通女性根本无力购买。兰黛坚持"让每一个女人都美丽"的理念，她认为美丽不应该是一种负担，美丽应该是生活的一部分。为此，在 1953 年，兰黛推出了"青春之露"香水，这是一款飘着花果清香，使人感觉轻松、随意的香水，同时售价也相对地便宜。这款香水在美国一炮而红，打破了法国香水在美国的垄断地位，使得香水不再是贵妇的专利，也不再是属于隆重场合的物品。

雅诗·兰黛的香水在美国大获全胜之后，开始被推向欧洲。法国是时尚之都，只要征服了法国的时尚女性，也就等于征服了全世界的时尚女性。兰黛打算把法国市场作为突破口。但是，法国香水曾经一统天下，香奈儿香水更是其中的经典，想要闯入这个市场谈何容易。

果然，当兰黛的香水出现在法国的货架上时，根本就没有多少法国人来买账，他们觉得自己国家的优质香水用都用不完，为什么要来尝试外国的产品呢？不过兰黛在法国依然采用过去的办法，允许顾客先试用，体验一下效果如何。她的免费派发小包试用装成为化妆品界的一大创举。来试用的人倒也不少，不过很多都是一些爱占便宜的小市民，他们压根就没有打算买，每次试用都会把香水一股脑地倒在身上，试用之后就离开。其中一部分人还会一次又一次地跑来"试用"香水，但是就是没有付钱购买的意思。

有一些销售人员感觉忍无可忍，他们跑去找兰黛抱怨此事："很多人反复过来试用，这样下去是不行的，我们应该想个办法来阻止这些爱占便宜的人。"没想到兰黛对此却不以为意，她笑着表示不必管这些人，他们虽然不会购买，但是他们会把香味传给周围的人，那些闻到独特香味的人一定会来买的。兰黛有一句名言：电话、电报、转告女友，以此说明女人之间依靠口口相传传递消息的速度之快。

果然，顾客逐渐地越来越多，很多女性都听说了这款香水，纷纷慕名而来，雅诗·兰黛香水从此打开了法国市场。兰黛心满意足地看到了自己的产品被摆放在时尚昂贵的地方。

雅诗·兰黛的香水备受时尚界欢迎，比如灵感来自兰黛最美好回忆的 BEAUTIFUL 香水，她把这款香水打造成集世上千百种花香于一身的香气。

兰黛一直怀着一种坚定的理念去开创自己的事业，这个理念就是

"每个女人都可以美丽"。她将自己的品味与对时尚的理解融入到了其品牌之中，她的化妆品帝国改变了世界时尚界的格局，也唤醒了全世界很多女性关于"美"的意识。雅诗·兰黛以极大的自信去推销自己的产品，她曾经说过自己生命中的每一天都在推销，她还以主动让自己的产品与顾客"见面"的试用方式，开创了属于自己的时代。

只属于你的女主角：朱莉·安德鲁斯

　　朱莉·安德鲁斯是英国著名女演员，在电影、舞台剧、音乐领域都有杰出的贡献，她也是一名畅销儿童读物的作者，同时还担任了联合国妇女开发基金会的亲善大使，大家最熟悉她的作品是 1965 年的电影《音乐之声》，这部电影曾获奥斯卡提名奖。2000 年朱莉·安德鲁斯被英国女王授予爵士头衔，被芝加哥市长称为"演艺界传奇人物"。她在英国 BBC 评选的"百位最伟大英国人"中名列第 59 位。

　　朱莉·安德鲁斯在事业上取得一连串辉煌成就的同时，也有一段感人的爱情故事，可以说，正是由于朱莉·安德鲁斯生活中的重情重义，才使得她具备很多仅仅是外表迷人的女演员所缺乏的内在气质，也是她能成功地塑造一系列让观众过目不忘的经典角色的根本。

　　朱莉·安德鲁斯 1969 年嫁给了才华横溢的电影导演布莱克·爱德华兹，后者曾经执导过经典作品《蒂凡尼的早餐》。"我会让你每天都开心的"，布莱克含情脉脉地对朱莉说。

　　丈夫是电影导演，妻子是演员，夫唱妇随是很自然的事，但是朱莉主演、布莱克做导演的作品在票房上并不成功，甚至严重地亏损，一连串的失败使得那些电影公司不再信任布莱克的才华，布莱克的事业陷入了令人绝望的低谷：没有人再找布莱克拍电影。这对一个视艺术为生命的艺术家来说是一个致命的打击。

但那时朱莉的事业却取得了惊人的发展，她凭着精湛的演技在好莱坞拥有了巨大的票房号召力，大导演、制片人纷纷请求与她合作，朱莉成了一位炙手可热的演员。

人在失意时往往会伴随着脾气暴躁，布莱克也一样，他的情绪越来越不好，他开始在家里大发脾气，一点小事就会让他暴跳如雷。面对接踵而至的片约，朱莉却选择了拒绝，她要和丈夫共患难，她只选择布莱克执导的作品。很多人觉得朱莉不可思议，并为她拒绝摆在面前的机会感到遗憾，当然幸灾乐祸的也大有人在，他们想瞧一瞧这对可怜的夫妇是如何从大红大紫走向默默无闻的。

虽然妻子欣赏自己的才华，坚定地站在自己身边，但那段时期的布莱克就像中了魔咒一样，无论如何努力都摆脱不了"票房毒药"的形象。他不想朱莉的演技被局限，为了让朱莉在银幕形象上有所突破，他在艺术上做了各种各样的尝试，但是观众并不买账，他们一致认为布莱克把朱莉的事业给毁了，是啊，昔日的舞台剧女王，影坛的摇钱树朱莉·安德鲁斯，事业也正朝下坡路走。自己事业不顺，竟然也影响到了妻子的发展，布莱克被这双重打击压垮了，患上了抑郁症，长期生活在对妻子的愧疚之中。

朱莉对布莱克不离不弃，她不会离开自己最爱的人。"我们到瑞士去！"朱莉做出了决定，要远离美国，远离好莱坞的喧嚣，寻找一片安宁所在。

在瑞士，朱莉每天都牵着布莱克的手出门散步，就像初恋一样，在阻止了布莱克吞服安眠药以后，朱莉就寸步不离，始终不敢让布莱克脱离自己的视野，她要布莱克好好活着，只要他活着，自己就会开心，什么好莱坞的名与利，那都不是朱莉想要的。"你只要活着，就是我最大的幸福。"朱莉不止一次地对丈夫说。布莱克被妻子感动得泪流满面，妻子为自己放弃了所拥有的一切，默默承受了所有痛苦，只为自己能够活下去，自己只有坚强地生活，才能对得起朱莉。想到这一切，布莱克不再那么绝望，他开始拥抱生活，甚至还拿起了笔继续创作剧本，他要继续从事艺术，一切都在朝积极的方向发展，朱莉欣喜万分，她知道自己的努力没有白费，那个倔强迷人的布莱克也许就要回来了。

1996 年，朱莉 60 岁了，布莱克也已经 73 岁，夫妇二人决定要把电影《维克多·维克多利亚》改编为戏剧，搬上百老汇的舞台，朱莉担任主演。舞台剧改编为电影大获成功的比较多，而反过来则不多见，朱莉决定为自己，也为了丈夫做出挑战。剧中有很多高难度动作，已经不再年轻的朱莉在排练中多次摔倒，受了很多伤，但是为了艺术上的追求，为了让丈夫的艺术才华再度得到认可，她一遍又一遍地爬起来，一遍又一遍地重复，直到每个动作都炉火纯青。只要是为了布莱克，就是上刀山也在所不辞，何况又是从事自己十分热爱的表演？看到这样的场景，布莱克又何尝没有心碎？他渴望艺术上的成就，但也同样心疼与自己荣辱与共的妻子啊。

娱乐圈风云变幻，明星换了几代，已经没有多少年轻观众知道朱莉与布莱克是何许人也，人们的艺术审美也在发生着变化。在如此巨

大的压力之下，二人的作品问世了，并赢得了挑剔的观众的一片喝彩，人们为朱莉多年积淀下的演技所折服，朱莉在剧中的表演几乎无可挑剔，堪称天才，评论人也给了"完美"的评价，而这也意味着布莱克的艺术成就再一次得到了肯定，他们成功了！

2004 年，布莱克在妻子的搀扶下拄着拐杖走上了奥斯卡颁奖典礼的领奖台，接过了奥斯卡终身成就奖的奖杯，"朱莉·安德鲁斯，我爱你。"站在台上的布莱克心情激动，一再感谢紧紧搀扶着自己的朱莉，是啊，朱莉就是这样一路搀扶着布莱克，一直坚持了几十年。如今，她心满意足了，能陪伴自己最爱的人共同经历人生最辉煌的时刻，还有什么奢望呢？

而当 2011 年朱莉也站在格莱美音乐的领奖台上，接过终身成就奖时，却无法享受二人共同分享荣耀的激动了，因为布莱克没能看到这一天，几个月前他永远地离开了朱莉。

"我对他的思念无以言表。"朱莉·安德鲁斯深深地思念着布莱克。

坚持自我 + 时尚前卫：蕾哈娜

在 2014 的巴黎时装周上，蕾哈娜被有着"时尚界奥斯卡"之称的美国 CFDA 设计协会授予了"年度时尚偶像"的称号。这项殊荣授予蕾哈娜是众望所归，在很多场合，比如晚会、街头，她都能驾驭不同的风格，显示出超强的气场。蕾哈娜最近制作了一档时尚真人秀节目，并且担当评委的工作，对选手的时尚品味进行点评。随着影响力的持续攀升，蕾哈娜说道，想要成为"蕾哈娜"是一件困难的事情，需要更加外放的叛逆，而她已经成为了真正的"蕾哈娜"。

蕾哈娜在 Instagram（编者注：一家网站，中文名是"照片墙"）上具有超高的人气，很多明星大腕和设计大师都关注着她。作为时尚界的偶像，蕾哈娜经常和粉丝分享自己的衣着打扮，传播着她的衣着哲学：时尚就是一场冒险游戏。

蕾哈娜具有非常独特的个人时尚风格，经常变换，很难用一个准确的词语来形容。有时，她是一个叛逆的街头少女，转而又会变为贵族少妇，或许又以潮人的姿态出现在公众面前。在蕾哈娜的穿衣哲学中，不同风格的混搭是非常重要的原则，她具有很多创新的设计。

当蕾哈娜成功减肥后，她的穿衣风格也更加多样化了，比以前更加性感，内衣外穿已经完全习惯。在摩纳哥，她身穿特殊设计的连体游泳衣旁若无人地逛街，引起了围观者的惊讶。在一次高级时装发布会上，蕾哈娜身穿一件只系了两粒纽扣的开衫就直接露面，成功地吸

引了记者的闪光灯。蕾哈娜的着装风格随性而不拘泥，始终保持着街头的百搭风味。

在蕾哈娜的时尚造型上，有两个原则：一是折腾；二是坚持自我。刚刚入道的时候，蕾哈娜衣着朴素，不为人所关注。当事业有所上升时，她开始慢慢地和时尚有了联系。现在，蕾哈娜基本就是时尚前沿。

在时尚圈里，蕾哈娜是一个非常热门的话题制造者，也是设计师和时装节追捧的对象。在香奈儿的产品发布现场，蕾哈娜一袭优雅的紫色长裙，衬托出清新的气质，充满健康的味道；在迪奥，她披着一款红色大衣更显狂野，黑色的皮革手套，佩戴着珍珠项链，弥漫着性感和妖娆，吸引了无数的目光；在一次专场秀上，蕾哈娜挑战女魔头的形象，以灰色西装搭配白色皮草，一副女强人的姿态。

蕾哈娜的时尚理念还得到了广泛的传播，在很多品牌的设计理念上都有所体现。Pucci（编者注：品牌璞琪）专门为她的演唱会和红毯设计了一款产品，黑色的吊带加上红色的褶皱，使其显得更为简洁和素雅。设计师奥利维尔经过一番考虑，直接选择蕾哈娜作为巴尔曼的时装代言人，在秀场上，蕾哈娜造型百变更具特色，俨然将秀场当成了衣橱。蕾哈娜也喜欢新潮的运动风格，棒球夹克、短上衣搭配紧身的犬牙裤，街头范儿十足。蕾哈娜的风格还有：敢露。复古的迷你裙，收缩在腰部，露出小肚皮，更为性感可爱；直达膝盖的凉鞋和裸背的连衣裙，强悍的气场显露无疑。

对于时尚达人来说，最兴奋的莫过于拥有一个最热最新的单品，而且必须是限量版的。最近，蕾哈娜多次拿着别人只能在展览室里看到的LV箱子在公众场合亮相。在服装造型上可以进行不同风格的变换，但是这个限量版的手提包却一直跟随着她出现在各种场合。作为一款限量版的包，蕾哈娜的四处招摇引来了不少明星名媛的嫉妒，也为她引来了更多的关注。

最近，蕾哈娜在各种场合都会展示出这款非常珍贵的限量版心水包。作为一款非常经典的产品，其logo具有非常鲜明的认知度，几乎无人不晓。Frank（编者注：设计师名弗兰克）在造型上赋予了这款包包独特的样式，在透视的隐约中，更具方正的箱式包包，还能有变形的视觉效果。

蕾哈娜的灵活搭配绝对称得上是一绝。在出席活动的时候，一袭针织的套装，素雅而大方，一个限量版的箱式包包展现出华贵的气质，加上一副宽大的耳镯，扑面而来的女强人风范。后来，蕾哈娜在出席一次代言活动时，穿着一身潮范的运动装，运动上衣和运动短裤，配着一个引人注目的限量版包包，气质瞬间就凸现了出来。一袭粉红色的披肩，紧身的牛仔裤，和一款高跟的复古式鞋子，本来并不出众。但是，一款靓丽的包包拿在手上，便足以大幅地提升她的气质。

2013年，蕾哈娜和英国一个非常著名的品牌建立合作，发布了几次时装系列产品，将其独有的混搭风格继续发扬。在时尚圈内，蕾哈娜并没有得到业内人士的认可，认为这只是一种日常时装的一次集中展示而已。但是，从市场的效果来看，蕾哈娜采用的复古样式深受粉

丝们的欢迎。象征着叛逆，洋溢着青春气息的连裤衫、简洁中略带羞涩和诱惑的小黑裙和小粉裙、宽大运动潮人范儿的卡其军装、高腰的网球裙和一些紧身的短袖上衣，这些都是蕾哈娜在街头时尚的口味选择，十分贴合当代少女对于街头时尚的追求。

设计师出身的市场总监乔西说道："蕾哈娜在每一件产品上都能有一些非常独到的想法，他们只是把她的想法展示出来，让蕾哈娜略带男孩气的女性化街头风格得到了更为广泛的传播。"

女人要纯粹：

心干净，世界自然干净

低调，但有自己的坚持：安格拉·默克尔

安格拉·默克尔是德国著名女政治家，德国第一位女性总理，在她出任德国总理之前，只有 1000 年前的神圣罗马帝国出现过一位女皇领导日耳曼民族。

俗话说，"人靠衣装"，也就是说，一个人的衣着对其自身来说尤为重要，衣着可以体现一个人的品味以及气质，女性也许对这方面感受会更深一些。

但默克尔在出任总理前似乎对这些是没有什么感觉的，这位女性显然是与时尚沾不上边的，从走入公众视野到现在，默克尔的着装打扮给人的印象简直可以说是不修边幅，她从来不化妆，一年穿一次裙子，她在德国媒体的镜头前总是满不在乎地展示着自己的朴素风格。其千篇一律的打扮似乎是有意在提醒所有德国人：我就是这样一个人！

默克尔从政初期，她的外套是深色西装，里面是浅色薄衫，下面又是深色的裤子，这种搭配的失败也许随便哪个时髦女性都能看得出来，在高跟鞋一统天下的世界里，默克尔的一双平底鞋是多么的扎眼。

默克尔一头齐耳短发，前面的刘海几乎全被剪掉，光光的脖子上没有任何装饰品，总之，这样"寒酸"的打扮伴随了默克尔几十年。

默克尔并不是年龄大些以后才如此没有品位的，还在东西德没有统一的时候，年轻的默克尔就对穿着打扮毫不在意，她那身深色的穿衣风格据说在儿童时期就已经形成，当时她还被童年伙伴嘲笑为"灰老鼠"。后来，在跟随东德总理出国访问时她甚至被强制要求穿一些像样的衣服。

连默克尔所在的基民盟党内对她的不修边幅都感觉无法容忍了，他们觉得默克尔总是这样的打扮实在是让人觉得很滑稽，即使你不喜欢光彩照人，搭配得体总是可以做到的吧。他们善意地提醒默克尔，应该适当关注一下自己的仪容。德国媒体当然不会放过这样一个机会，他们对默克尔的衣着风格一再讽刺，有趣的是，讽刺她的话与童年时的时候差不多：德国的"老鼠"。总之，大家都对默克尔不分季节的一身灰色衣服耿耿于怀。

默克尔对此却是一笑置之，她一向认为一个人的内在才是最重要的，而外在都是身外之物，自己不屑于追求。只要自己的内心足够强大，是完全没有必要取悦于人的。默克尔更愿意把时间花在有意义的事情上。

直到默克尔即将竞选德国总理时，才在基民盟的强烈要求下做了一些改变，毕竟身份已经不同，一旦竞选成功，默克尔将代表德国的形象。

在 2008 年竞选时的那张宣传海报中，人们就发现了她更大的变化。一向保守的默克尔竟然以一身低胸装出现在海报中，这自然在德国取得了轰动效应，在这之前，默克尔的衣着也仅仅是颜色上出现调整，不再是一成不变的"黑白照片"，西装开始出现了色彩，而这次改变，默克尔似乎在提醒人们自己的决心，提醒人们自己有信心领导这个国家改变。从此默克尔的衣着风格突变，她的脖子上也不再是那样寒酸，

而是以珍珠作为装饰品，在发型上，那"老土"的、保持了几十年的蘑菇头不见了，而代之以烫发，刘海也不再剪得一干二净，发型设计尽量使之散发出女性的魅力。2008 年访问挪威时，默克尔更是以一身蓝色低胸晚礼服而被全球媒体大肆报道。

默克尔逐渐抛弃了过去的中性打扮，这一转变与之前的固执其实都是默克尔自信的体现。造型转变之前的默克尔，不肯跟着时尚的脚步是因为觉得没有必要，她不想被这些外在的东西束缚，她相信自己的实力，相信自己只靠内在就可以受到人们的尊重，所以对于媒体的冷嘲热讽她可以做到充耳不闻。但是当她出任总理之后，做出适当的改变是必要的，在这个问题上默克尔非常地清楚，因为必须承认国家元首的形象问题很重要，所以她愿意做出妥协。但是要改变一个人几十年的衣着习惯，让其以一身颠覆所有人印象的打扮出现在镜头中，这其实也是自信的表现，这表明只要客观事实需要，默克尔敢于做出尝试，她就是这样率性而为的一个人。

她的形象虽然像一个普通大妈，平时又是一副不苟言笑的样子，如果因此而以为她一定软弱可欺，那就大错特错了，就像当初固执地坚持自己的穿衣风格一样，默克尔在政坛也一贯以"强硬"而著称。2012 年在欧债危机中，默克尔强硬地表示德国不会承诺给不了的东西，拒绝分担债务，其态度之强硬令人大吃一惊。

默克尔有着与撒切尔夫人同样的外号，可见其手腕之"铁"。她有着不折不扣地贯彻所施行的政策的决心，也有着坚强的意志，她看准的事，就会迅速行动，毫不妥协，其果敢的形象给人留下了深刻的印象，因此她在德国民众中有着很高的声望，被德国民众称为"妈妈"。

就是这样，在德国这个传统保守的男权社会里默克尔以其自信、率性、果敢的个性，在政坛上给人留下了深刻的印象。

让亚洲成为世界第一：井村雅代

　　井村雅代是日本著名的花样游泳教练。从 1978 年起她就开始执教日本国家队，连续 6 次带领日本国家队征战奥运会，共为日本花样游泳夺得过 11 枚奥运奖牌，奠定了日本花样游泳强国的地位，而她也在日本被誉为"日本花游之母"。

　　2006 年，井村雅代来到中国，担任中国花样游泳队的主教练，这个消息传到日本后，在日本体育界引起了轩然大波。日本在花样游泳项目上是亚洲的霸主，而井村雅代成为中国教练，很有可能动摇日本在花样游泳项目的地位，因为井村雅代长期执教日本队，太了解日本花样游泳的各个细节，日本队在亚洲最大的竞争对手就是中国队，因此井村雅代在日本一时成了舆论的焦点，几乎所有日本人都视井村雅代为"公敌""卖国贼"，"叛徒"的标签更是一度被贴在了井村雅代的头上。日本泳联花样游泳委员会委员长金子正子与井村雅代是多年的好朋友，对井村雅代的选择同样表现出很愤怒。

　　井村雅代面对舆论的批评，毅然来到中国。但是心里对那些谩骂无法做到视而不见，她的修养是极高的，为人温文尔雅，但是在一次比赛结束后她又听到了自己不愿意听到的声音，于是她对着那名日本记者狠狠说了一句：八嘎。

　　井村雅代不理解为什么日本媒体对她到中国执教这件事上表现得那么的狭隘，毕竟体育是无国界的，教练的流动是再正常不过的事情。

作为一名教练，能帮助一支队伍提升水平是自身能力的表现。

尽管当时的中国队长期处于世界中流水平，井村雅代对提升中国队的水平却很有信心，她要带领中国队在 2008 年奥运会取得奖牌，她要带领中国队开创历史。既然选择了中国队，那么就一定会负责。这是井村雅代的人生信条。

正式执教中国队之后，井村雅代开始了她的改革。

首先就是体重问题，为了达到最好的表演效果，就需要一定的体重，因为如果一名花样游泳选手太瘦的话，动作根本就没有力度，在水中也就不会有存在感，想要表现的艺术感也不会被裁判感受到。井村雅代发现中国队员们身材过于苗条，比如蒋文文和蒋婷婷这对双胞胎姐妹，个子很高，体重却那么轻，严重影响到技术的发挥。很多队友为了保持一个好身材也很恐惧体重的增长，对饮食比较挑剔。井村雅代是有名的"魔鬼教练"，她要队员增加体重，那就必须达到这个目标。她开始亲自监督队员们的饮食情况，在她犀利的目光下，没有人敢节食，大家都乖乖把饭吃饱。井村雅代又觉得一天吃三餐无法达到效果，决定把三餐改为五餐，每一餐都有肉类。为了增加营养，她还请来专门的营养师，亲自制定膳食计划，规定大家每天至少要摄入 5000 大卡热量，鼓励大家尽量多吃。这样她还是不放心，有时会亲自动手给队员们改善伙食。

在世界花样游泳界，俄罗斯作为世界的霸主一直是大家效仿的对象，但是井村雅代觉得这并不适合中国，应该利用中国队员的形体特点去编排动作，让动作为自身服务，而不是强行让身体去适应动作。

为了找到能充分展现中国姑娘形体特点的舞蹈动作，井村雅代忙里偷闲，找时间去欣赏中国文化，从中华文化中吸取必要的营养。

比如说在比赛舞蹈的编排上，井村雅代就坚决地主张应该用中国风的元素，而在井村雅代来到中国之前，花游的中国元素并不多。雅代认为中国元素才能更好地表现出中国队的内涵，她还强调说中国风指的是能够被外国人感受到的中国风，而不是中国人自己认为的中国风。但同时她也认为融入中国元素并不代表要过分地中国化，毕竟中国队是要到世界的舞台上去比赛，是要得到世界的接受。井村雅代有此见识是与她平时总是听京剧、逛故宫分不开的，她摸准了在表达本国文化与国际化之间的那个度。井村雅代尤其喜欢故宫，一有时间就会去那里转一转，寻找能够使中国队取得突破的灵感。"置身故宫，总是让我彻底地放松。"井村雅代感慨地说。

在井村雅代还没有正式和中国队签约时，就大胆地设想北京奥运会上中国队的比赛配乐应该有大提琴和钢琴，然后由像郎朗这样的国内外知名华人音乐家来演奏。

在奥运赛场上，我们在花样游泳项目上就看到了浓郁的中国风。井村雅代在看过自己喜欢的著名舞蹈家杨丽萍的表演之后大受启发，她认为这种充分展示身体柔软度与灵活的方式完全可以融入到花样游泳之中，在编排花游动作时，井村雅代极力寻找那种杨丽萍舞蹈的感觉，最终为中国花样游泳确立了独树一帜的特色，我们也因此看到了精彩的双人项目"雀之灵"。其他比如集体项目"剑魂"更是融入了中国传统武术元素，8位姑娘在水中成功地扮演了一回侠客，从气势上就战胜了日本队。开朗积极的中国元素在中国队出战时随处可见。

　　井村雅代最终做到了，实现了自己的承诺，广州亚运会上中国队击败日本队，把花样游泳项目的 3 块金牌全都收入囊中；在北京奥运会的比赛中，带领中国队取得集体项目的铜牌，属于历史性的突破；在四年后的伦敦奥运会，更是以惊人的战绩取得双人项目的铜牌以及集体项目的银牌。经过她所谓的"魔鬼训练"，花样游泳队队员呈现出了朝气蓬勃的斗志，中国花样游泳队跨入了让人不敢小觑的世界花样游泳强队的行列。井村雅代看到这样的成绩觉得既充实又欣慰。"世界上如果有一支队伍能够战胜俄罗斯队，那么就是中国队。"井村雅代豪气万丈。

　　井村雅代抛弃狭隘的意识投入体育事业，来到中国后又能融会贯通地使中国花样游泳项目得到创新，她在成就事业的同时，也向世人展示了自己的境界。

做最为信任的伙伴：孙亚芳

2004 年，在《福布斯》公布的中国商界女性排行榜中，华为董事长孙亚芳成功夺魁，成为中国现代女性学习的榜样。孙亚芳不是华为的创始人，人们习惯称她为"华为女皇"和"至尊红颜"，甚至于称她为"华为国务卿"。在华为多年的工作中，孙亚芳的能力在市场营销、人力资源等方面得到了充分体现，其高超的管理和协调能力更是得到了任正非等华为高管的一致认可。

在华为，孙亚芳的能力是被广泛认同的，她也的确是非常有魄力的一个人。在华为人眼中，"左任右孙"的格局早就形成了，任正非是一把手，孙亚芳是二把手。不过，孙亚芳在一些关键问题上的决断是不考虑这种地位差别的，她会主动说出个人的想法，因为她要从企业长期发展的角度去考量。

有一次，华为市场部的高层开会讨论市场营销和人力资源的事宜，孙亚芳也参加了这次会议。在会议开始之前，孙亚芳就得知高层对于一些干部的任命有异议，其中有的人认为这个人能力不足，还需要考验。在会议中，高层对于这位干部的任命交换了意见，有赞同的，也有反对的。孙亚芳是持赞成意见的，因为对于这位干部她有足够的了解，她认为这个人业务能力突出。一时间，会议陷入了僵局，大家无法拿出一个决断。

就在这时，华为创始人任正非闯了进来，想要破解这个僵局。他知道这次会议讨论的内容，关于这位干部的任命存在着很大的争议，而对此人的任命，他是持反对意见的。所以当会议正酣的时候，任正非有点坐不住了，于是他立即来到了会议室想要表达一些自己的看法。当任正非突然进来的时候，高管们都十分疑虑，按说他平时是不会参加这样的会议的。任正非走了进来，会议室一下子安静下来，任正非表达了自己的观点，他认为这样的干部不足以担当这样的职位，因为他缺少管理人员该有的狼性，所以他反对晋升这位干部。任正非是华为的老板，因此他的话可以起到决定性的作用。在这种情况下，绝大多数的高管都会选择默认任正非的观点，毕竟他是创始人。然而，孙亚芳倒是没有顾及这么多，她站了起来，说道："老板，事实不是你了解的这个情况，关于这位干部的任命有值得讨论的地方，可以进行更多方面的考察和衡量。但是，干部的任命不该是这样的形式，必须要建立一套完整的体系，你这样的做法对于一个企业的长期稳定发展是不利的。"

在座的高管都十分惊讶，没有想到孙亚芳会站起来说出自己的观点，而且还是驳斥任正非的提议。所有人都面面相觑，不知道这次会议会向什么样的事态发展。孙亚芳的眼里透露出一丝坚定，坚持认为这样的干部任命方式是不科学的。任正非稍作停留，想了一下刚才的举动，觉得有些不妥，表示了抱歉便悻悻然地走出了会议室。后来，孙亚芳认同的这位干部晋升为了华为的高级副总裁，其能力也得到了高层的认可。

1999 年，华为的市场部干部出现了很严重的问题，影响到企业的

正常运营，于是华为决定召开常委会对此予以讨论。由于市场部的地位重要，所以参加会议的高层规格相对高一些。在会议中，大家普遍反映市场部的中层领导存在价值观缺失的现象，安于现状，没有昂扬的斗志和狼性精神。在一番讨论之后，大家普遍认为是由于压力不够，导致大家忧患意识淡薄，需要尽快对此进行调整。但是，大家都没有一个明确的办法去解决这个问题。

这时，一个高管提出可以再次实行 1996 年的方式，举行一次中层干部竞聘活动，这样做可以很好地调动中层干部的积极性，或许可以解决这样的问题。听到这个提议后，很多人都表示同意，而且显示出很高的热情和期待。与会的很多高管都经历过那次竞聘活动，对此有非常深刻的体验和感悟，认为这个方法也许更加适合现在的情况。

然而孙亚芳并没有急着下结论，针对这个方案她认真地思考了一会儿，渐渐地发现了其中的问题，或许这个方案不适合快速发展的华为。孙亚芳没有迟疑，站起来表达了自己的观点，认为这个方法是不切合实际的，已经脱离了现在华为的具体发展状况。她说道："竞聘是当时特殊的时期被逼采取的一种临时性应对办法，不具有科学性和实用性，不能完整地评价一个干部。"孙亚芳直截了当道："这样的思维是小公司的做法，华为需要摆脱这样的旧思维，迎合现代企业管理人才的挖掘模式。"孙亚芳直接阐明：华为作为一家大公司，已经建立了一套完整的干部晋升体系，对于干部的考评已经相当完备，在这样的形势下，通过科学的方式来考察干部，挖掘潜力干部，是更加科学的方式。对于目前存在的管理混乱问题，孙亚芳指出是由于对评价体系执行力不足导致的，因而竞聘是不能解决这一问题的，它还是需要按照正常的人力资源体系来实施。竞聘的方式可以解决一时存在的问题，但是不治本，没有解决这个问题存在的病根。

孙亚芳在华为取得了非凡的成就，引领着企业在现代化的道路上不断地前进。在大局观和协调管理能力上，孙亚芳给华为带来了更多的科学元素，也成就了个人事业。

保持率直，足够幸运：芭芭拉·布什

老布什称她为"直率小姐"，美国人纷纷说她太幸运了。她嫁给了一位总统，还生下了一位总统，他就是小布什的母亲，老布什的夫人——芭芭拉·布什。在美国，人们对这位老人有着非常高的评价，称她为贤妻良母。这位普通的女性，将一生奉献给了她的家庭，做丈夫事业的后盾，教育孩子的成长。人们称她控制着美国总统的生产线。

20 世纪 80 年代，在美国女强人辈出，似乎所有的女性都想证明自己在家庭和社会中的力量。但第一夫人芭芭拉却宁愿以家庭主妇这一身份出现在公众面前。对于外界的一些议论，这位率真的女人说道："这一辈子，也就嫁得好，生得好。"甚至她还主动向外界表明，自己连大学都没毕业。

芭芭拉是一个非常率真的人，说话直来直去，毫不客气。当小布什把准备参加总统竞选的想法告诉母亲后，芭芭拉表示了强烈的反对。作为老布什的妻子，芭芭拉知道当总统是一件非常困难的事情，也会面临着各种挑战。因此对于儿子的做法，她直言不讳。芭芭拉承认自己对于儿子的政治前景是不看好的。但当儿子成功地当选总统后，她还是非常高兴地承认自己的喜悦心情。

在接受《今日》节目采访时，芭芭拉继续表现出了率真的天性。主持人问道：你对即将参加 2004 年总统竞选的民主党怎么看？因为节目制作人了解芭芭拉的性格是有问必答，所以知道她会毫不掩饰地表明自己的观点。芭芭拉听到这个问题直接说道，这些人都是可怜的家伙，并没有胜算的可能性。芭芭拉以非常直接的方式嘲笑儿子的竞争对手，这就是她的性格，她不会刻意地掩饰什么。随后，芭芭拉又补充道，不过，这些都是她的个人观点，和她的儿子小布什没有关系。当小布什当上总统后，芭芭拉还是继续保持率真的性格。在小布什当选总统后，芭芭拉时刻关注着儿子的一言一行，以便为儿子提供一些建议和想法。作为一个母亲，对于儿子的言行是十分敏感的。有一次，芭芭拉发现自己的儿子在电视节目中常常表现得神色严肃，她觉得这会让人感觉很不舒服，不容易亲近。因此，芭芭拉立即拨通了儿子的电话，建言道，你应该在讲话中保持微笑，那样才能让人容易接受。小布什回答道：母亲，我们是在讨论严肃的大规模杀伤性武器的事情，是没办法微笑的。芭芭拉确实是一个直性子，不拐弯抹角。家里的亲人和周围的朋友都了解芭芭拉的性格，知道她有点急躁，直性子。他们认为，芭芭拉佩戴项链和头巾就是为了掩盖她急躁的性格，让她看起来更和蔼可亲一些。

芭芭拉也会行使母亲的特权，训斥总统。一天早晨，芭芭拉正坐在床上，安静地看着自己的回忆录。这个时候，小布什刚刚晨跑回来，满头大汗。他走到母亲的房间，坐了下来，并顺便将腿抬起来放在桌子上放松。芭芭拉抬起头说道："把你的脚拿开，太不像话了。"一旁的老布什则打趣道："嘿，这家伙现在是美国总统，说话注意点。"

芭芭拉回应道："这家伙知道得是比我多，可他是我的孩子，我有权利管束他。在我的家里，可没有总统的待遇，如果他再犯错误，我仍然会严厉地训斥他。"

小布什在任期内备受争议和指责，特别是在伊拉克战争问题上，民众普遍认为是他让美国陷入了恐怖威胁的泥潭。对于外界的批评和争论，芭芭拉直言不讳地表示对儿子的支持。在这个问题上，芭芭拉坚定不移地捍卫儿子的立场，为小布什的政治行动做辩护。为此，《纽约时报》采访了这位敢于说话的总统母亲。在采访中，芭芭拉说道，她知道这是一个非常敏感的话题，但是一定要说。她表明，这么一个决定并不是总统的专横决断，而是综合了多种因素，权衡利弊才下达的命令。她说道，这显然不是一个让人舒服的决定，但是路总是要有人走的。在伊拉克战争前夕，美国评论家认为伊拉克存在大规模杀伤性武器，这也表示了他们对于布什的支持。当伊拉克战争爆发后，美国并没有发现这些武器，所以扫兴而归。针对这些墙头草的举动，芭芭拉说道，这些评论家令她简直无法忍受，实在是丢人。

进入晚年以后，芭芭拉依然十分地忙碌，她不仅在写自己的回忆录，还进行慈善事业。每个月，她都要发表几次演讲和看望慈善机构的人，成立了家庭教育基金会。她不是一个唯利是图的人，她曾多次拒绝别人的助选请求。她表示，自己只会为家庭服务。后来，芭芭拉还参与到了次子杰布·布什的助选活动中，为小儿子能够成功地连任州长奔走呼号。人们开始称她为"王太后"。

芭芭拉一直说，和这么多伟大的家人生活在一起，是一件非常幸运的事情。布什家族在美国具有相当大的影响力，不仅出了两位总统，一位州长，还有很多商业大亨，他们一度掌控着美国国家的命运。芭芭拉把她短暂的一生奉献给了这个伟大的家庭，面对诸事，她处变不惊，非常果断，撑起了这个家族的半边天。

追求纯粹的女人：费雯·丽

她是旷世经典《乱世佳人》中虚荣的斯嘉丽，是《魂断蓝桥》中让人心碎的玛拉，她的艺术成就杰出，一生获奖无数。凭借《乱世佳人》获得奥斯卡最佳女主角奖，成为首位奥斯卡封后的英国人，后又以《欲望号街车》斩获威尼斯国际电影节最佳女主角奖，1952 年奥斯卡二度封后，1999 年美国电影学会将她选为"百年最伟大女演员"之一。

费雯·丽是一个完美主义者，一生追求纯粹，在她的生命中只有两件事：艺术与爱情，抽离了这两样，就没有费雯·丽。费雯·丽将自己的毕生精力奉献给了艺术与爱情，至死不悔。

费雯·丽是为艺术而生，任何见到她的人都会感受到她天生就应该是一名演员。

玛格丽特·米切尔的小说《飘》引起了巨大的轰动，好莱坞自然而然想到了将它搬上银幕。制片人大卫·塞尔兹尼克购买了拍摄权，由米高梅公司负责拍摄。

一部好的作品必须有好的演员来支撑，好莱坞众明星都看出了这部电影将会大红大紫，于是争先恐后地来到剧组试镜，希望得到其中的重要角色。经过一段时间的选拔，其他的角色都已敲定，唯独女主角斯嘉丽始终找不到合适的人选，当时的大明星凯瑟琳·赫本、琼·方登都对这一角色跃跃欲试，无奈制片人大卫就是找不到斯嘉丽的感觉，不是年龄不合适就是气质上太强悍。而没有女主角电影就无法开机，开机时间一拖再拖，后来万般无奈，只能先开始拍摄没有女主角的戏，电影史上也因此出现了有趣的一幕：女主角没定好之前已经开始拍摄电影了。

当时还默默无闻的费雯·丽一直梦想成为著名的演员，她自然也想得到这一角色。但是那些已经成名的女明星尚且没有机会，命运会眷顾费雯·丽吗？但她还是决定试一试，她先用两个多月的时间阅读原著《飘》，翻来覆去地竟看了30遍，同时她还研究斯嘉丽的角色，一遍又一遍地去体会斯嘉丽的心理活动，可以说达到了废寝忘食的程度。慢慢地她捕捉到了女主角的气质，她觉得自己简直就是书中的斯嘉丽了。费雯·丽来到美国去见她的心上人时，就被大卫的弟弟发现，大卫的弟弟把费雯·丽带到了大卫面前："你的斯嘉丽来了，大卫！"大卫盯着费雯·丽看了一会，觉得她一点也不矫揉造作，费雯·丽想说出自己的想法又不敢说，最后鼓起勇气要说明来意，话还没说出来，只见大卫兴奋地指着费雯·丽喊道："斯嘉丽！斯嘉丽就是你了！"大卫激动万分，恨不得把这个好消息告诉在场的每一个人。大卫又观看了费雯·丽之前演过的一些作品，正式对外宣布《乱世佳人》的女主角为费雯·丽，于是费雯·丽轻而易举地得到了斯嘉丽的角色。费雯·丽能得到这个角色，是因为大卫从她的眼神、动作里都看到了一个斯嘉丽的存在，那种气质是其他演员所不具备的，大卫信心十足，他认为电影改编自《飘》，已经有了90%成功的把握，而费雯·丽出演主角，将会有100%的把握。

大卫不愧为著名制片人，他的眼光一点不差，虽然对电影的成功

很有把握，但是《乱世佳人》上映之后引起的轰动还是令人震惊的，其斩获奥斯卡八项大奖，创下惊人的票房纪录，这一纪录过了60年后才被《泰坦尼克号》打破。在商业和艺术上都获得了巨大的成功，而费雯·丽的表演更是功不可没，大卫认为费雯·丽的高贵外表下藏有瞬间爆发的情感力量，她的柔媚中混杂着桀骜不驯。有人评价费雯·丽有突出的外表就不必有杰出的演技，有杰出的演技就不必有突出的外表，但是费雯·丽恰好二者兼有。

但是费雯·丽为拍摄这部影片付出了自己的健康：由于拍摄现场的环境因素使她染上了肺结核。这一疾病困扰了费雯·丽整整20年。

费雯·丽在生活中也是纯粹的，在事业上，她的脑子里只有表演，而在生活中，她的脑子里只有爱情。费雯·丽一生只爱一个人，那就是劳伦斯·奥利弗。劳伦斯·奥利弗是英国伟大的戏剧演员，留下了《哈姆雷特》这样的传世之作。费雯·丽一见到他，就疯狂地为之着迷，然后就为之付出了一生。

费雯·丽和奥利弗历经种种艰难，最终有情人终成眷属，费雯·丽的世界里就只有奥利弗，她放弃了好莱坞的生活，跟随奥利弗回到英国，从此过上了夫唱妻随的生活，奥利弗是戏剧舞台的王者，费雯·丽也随其活跃在舞台上，她很少接拍电影。她享受这种生活，宁愿放弃惊人的片酬。

不幸的是，后来费雯·丽的精神出现了问题，她的脾气越来越暴躁，尽管奥利弗对她的感情很深，但发病时的费雯·丽对奥利弗谩骂殴打，使得奥利弗逐渐无法容忍，厌倦了这样的生活，最终导致婚姻的破裂。

接到奥利弗请求离婚的信时，尽管十分地伤心，费雯·丽还是表示自己作为奥利弗夫人愿意接受奥利弗先生包括离婚在内的任何请求。

离婚后的费雯·丽在给别人写信时落款依然是"奥利弗夫人"，一直到去世，她的房间仍然摆放着奥利弗的照片。用一生去爱一个人，费雯·丽至死不渝。

费雯·丽一生追求纯粹，艺术生涯30年，却只留下20部作品，她不愿为了金钱随意拍戏，只拍自己最喜欢的。与奥利弗的感情经历更是让人唏嘘无比，结局虽然使人叹息，却也令人荡气回肠。

挑战本来就是我生活的一部分：查理兹·塞隆

查理兹·塞隆拥有天使般的面孔，魔鬼一样的身材，浑身散发出王者一样的气场。她不是花瓶，她兼具智慧和美貌于一身，是好莱坞女星中特立独行的一位，从维纳斯到女魔头，她被誉为"南非美钻"。

查理兹·塞隆是一位让摄影师疯狂的女演员，跟她合作过的男演员都对她留下了深刻的印象。格兰特曾经说过，塞隆站在他的面前时，他的心脏快要跳出来了。2004 年，塞隆凭借自己在《女魔头》中的出色表现，荣获了当年的奥斯卡最佳女主角奖，打破了其花瓶的流言，并从此进入好莱坞一线女星行列。

18 岁之前，塞隆一直有一个芭蕾舞的梦想，与电影这个行业并没有产生过交集。在洛杉矶，塞隆和母亲过着非常平淡的生活。那时，她一边学习，一边做兼职模特。她当时的最大梦想就是做一名专业的芭蕾舞演员，赚一些钱，养活家里人。直到膝盖的意外受伤，让她的天鹅梦破灭。因此那段时期，塞隆陷入了人生的低谷期，她不知道未来的路该怎么走。

母亲看到女儿终日消沉，想要进一步激励她，便说：与其在家独自郁闷，不如出去闯一闯，到好莱坞寻找机会。也是从那时起，塞隆渐渐地迷恋上了电影，有了当演员的梦想。于是，1994 年，塞隆一个人来到了好莱坞，以寻找合适的机会。当时，塞隆就住在好莱坞附近，过着拮据的日子，她在那里等待着梦想实现的机会。终于，一次意外的机会，让塞隆和电影扯上了关系。

有一次，塞隆急需付房租，于是来到银行兑换支票。不知怎么银行职员拒绝了她的兑换请求。那段时期，由于人生方向的不能确定，塞隆内心非常烦躁和苦恼，正没有发泄的途径，而银行职员的做法一下子便激起了塞隆的愤怒，于是她对那位职员怒吼了一声。塞隆的这一声怒吼震惊了银行的每一个人，人们无法想象这位年轻的姑娘会爆发出如此巨大的能量。

非常巧合的是，坐在塞隆身后的就是一位好莱坞经纪人，他也被塞隆的吼声震惊了。后来，这位经纪人说道，无法想象一位小女孩会潜藏着这么大的能量，简直能把屋顶给震翻了，实在是太不可思议了。于是，这位经纪人递给了塞隆一张名片，表示可以进行合作，将她引入好莱坞。刚刚从怒吼中清醒过来的塞隆有点惊讶，一次偶然的机会竟然和电影结上了缘分，真是太神奇了。2005 年，在距离被那个经纪人发现的地点间隔几个街区的星光大道上，塞隆已经贵为奥斯卡影后，并且进入了好莱坞名人堂。

从《魔鬼代言人》开始，塞隆在荧幕上更多地展现的是天使般的容貌，这使得观众无法脱离她的漂亮脸蛋而去关注她的演技和内心世界。然而，在经过了多次尝试后，塞隆终于迎来了事业发展的巅峰。

2003 年，女导演派蒂想把公路妓女变为女杀手的真实故事搬上大荧幕，但是遇到了非常大的困难。当时，派蒂不仅缺少启动电影拍摄的资金，也很难找到合适的女演员。一个偶然的机会，塞隆得知了这件事，她在仔细看过剧本后认为，自己可以饰演这一角色，并且还可

以协助筹措拍摄资金。当她向导演提出自己的想法后，导演却犹豫了，丑陋女杀手的形象适合拥有天使般容貌的塞隆吗？派蒂把自己的疑问告诉塞隆，你这么漂亮，不像丑陋、邪恶的女魔头。塞隆非常喜欢这个角色，她认为自己可以通过这一角色向人们证明自己的演技，摆脱花瓶的形象，让人们认识一个更加多面性的塞隆。塞隆的一句话让导演派蒂悬着的心放了下来：你想要女主角有多丑，我就能变得有多丑。

塞隆完全痴迷于这个角色，她首先从形象上着手。塞隆的本色出演肯定达不到女魔头的形象，她必须要为此做出改变。对于女演员来讲，美丽的容貌是进行演绎事业的保证，因为容貌是人们关注的焦点。

但是，塞隆下定决心，为了这个角色改变自己。于是，塞隆开始暴饮暴食，把体重增加约30磅。不仅如此，塞隆还刻意长时间不洗头发，以能真正地达到那种女魔头的脏兮兮的感觉，使自己更加接近人物的原型。对于女人来说，眉毛是十分重要的，但是塞隆也剪掉了。戴上了一口的假黄牙之后，塞隆甚至都对自己产生了厌恶感。至此，塞隆已经彻底地和美貌无缘。

然而，塞隆的准备还远不止这些，她要深入了解角色原型艾琳的内心世界，仔细揣摩她的生活习性和对世界的看法。为此，塞隆看了关于艾琳的所有纪录片和她的每一封信，甚至还学习艾琳如何抽烟以及怎么和别人打招呼。塞隆说道，这个女人看上去非常酷，其实只是对眼前的世界产生了失望的情绪，从而让她的内心世界里的所有形象崩塌，导致了整个悲剧的发生。

在拍摄过程中，塞隆承受了巨大的心理压力。她说道，在拍摄期间，她不和任何人说话，那是一段非常痛苦的时光，但却是非常值得的。由于过于喜爱这个角色，在剧本停拍的日子里，塞隆常常都会梦见角色被人替换了。在整个影片中，塞隆都是素颜出镜，邋遢肮脏，让人作呕，但这也正是观众和评委想要看到的效果。这些努力并没有白费，2004年，塞隆凭借着在《女魔头》中颠覆性的表演，斩获了包括奥斯卡最佳女主角在内的多项大奖，也让她的事业走上了巅峰。

《女魔头》让塞隆正式迈入好莱坞一线女星行列，也为她的事业带来了辉煌。接着，塞隆又出演了《北方风云》《青少年》等影片，影片中她有时是蓬头垢面的女矿工，有时是让人看起来讨厌的"贱货"。而塞隆正是凭借这些角色的出演，使她在演绎事业上取得了巨大的成就。

重在挑战自我：董明珠

"董明珠走过的路，草都长不出来。"竞争公司的对手都喜欢用这句话来形容董明珠。令人"望而生畏"的董明珠就这样戴着"铁娘子"的帽子，在空调业"横行"了20年。20年间，她带领的格力空调连续12年稳坐中国空调龙头老大的位置。一路走来，格力的不断进步和创造的一个又一个传奇，用另外一种方式加深了董明珠身上"铁腕"的性格符号。

董明珠的丈夫在儿子2岁时病逝，为了抚养年幼的儿子，1990年，董明珠孤身一人来到了珠海并且加入格力。当时格力被称作"海利"，是一家投产不久、年产能约2万台的国营空调厂，因为没有核心技术，格力当时只能做空调组装的工作。董明珠到厂里没多久，就被派往安徽去追讨上一个业务员留下的42万元欠款。

起初，董明珠并没有意识到这是一件"苦差事"，她以为，账目清楚，对方的地址也很好找，自己只需上门说明来意就可以了。令她万万没想到的是，这个装修得很气派、有几十个员工往来穿梭的公司老板完全不理会她的"讨债说"，连"对账"的基本要求都被他果断拒绝，他对她吼道："对什么账？卖完了给你钱，有什么好对的？"董明珠被气得张口结舌，她第一次体会到了商人的奸诈和无赖。这一次她被"债主"轻易地"打发"走了，口干舌燥的她连一杯水都没有得到。但她是个认准了死理不回头的人。她觉得厂里既然派她来追讨欠款，就是对她的肯定和信任，她一定要尽自己的最大努力将这件事情做好。自此，她每天准时到"债主"的办公室去追债。

最初，董明珠坐在"债主"对面，给他讲道理，他似听非听，手里拿着一张报纸自顾自地看，完全不理睬董明珠，只是偶尔哼一声表示他还在。董明珠磨了几天，每次都是在对方下班时才沮丧地离开。董明珠认准了不能再和这样的人做生意了，但是欠款追到手之前，她只能天天准时到对方公司"上班"。对方开始向董明珠哭穷："我们现在周转资金非常紧张，你看能不能再缓一缓？等我们的钱充裕了我一定第一个还你钱。"见董明珠不答应，"债主"公司的老板转而开始凶神恶煞地吼道："另一家给了我们公司 300 万元的货，我还没付他一分钱呢，他也没像你一样催我，你这点钱算什么？"见董明珠依然不买他的账，债主随即又耍无赖地说道："要不你再给我发 50 万元的货，我就付你款，怎么样？"无数次的拒绝之后，"债主"公司的老板干脆来了个金蝉脱壳：躲着董明珠。接下来董明珠又是无休止地对债主上门围追堵截，而对方一次次出尔反而，弄得董明珠筋疲力尽。

终于有一天，忍无可忍的董明珠"爆发"了，她冲着对方失控地大声喊起来："你为什么说话不算数？从现在起，你走到哪里我就跟到哪里，我说到做到，不信，你走着瞧！"也许是对方被她的"爆发"吓坏了，很快答应第二天退货。董明珠高兴得一夜未眠，她心想厂里交代自己的第一个任务很快就要完成了。第二天一大早她就雇好卡车去对方的库房等待拉货。到了那里之后却发现大门紧锁，门上张贴着"国庆节放假三天"的字样。国庆节本来应该是空调产品销售的旺季，

他们却选择关门大吉，董明珠立即感觉到这是债主针对自己的"一次逃离"。多少天的辛酸和委屈在这一刻一起涌上了董明珠的心头，她望着人来人往的陌生街道，真想蹲在地上，痛痛快快地大哭一场。

又一次被"耍"了的董明珠越挫越勇。三天后，董明珠带着工人们早早地来到了这家公司，唯恐对方再有什么变化，她手脚并用地一边点货，一边帮着工人们搬运，直到她认为足够42万元的货才停手。车子驶出那家公司的大门后，前后跑了整整40天的董明珠眼泪夺眶而出，她急切地想要赶回珠海的公司，她像一个孩子一样迫切地想要向家长诉说自己的遭遇，她对司机说："快，直奔珠海，一路不要停。"司机听了她的话笑了起来："这离珠海两千多里地呢，你要累死我啊？"听了司机的话，董明珠才逐渐从激动的情绪中平复下来。她充满歉意地笑笑。望着卡车上垒得高高的空调配件，这个跑了整整40天的女人，才终于长长地舒了一口气。在轰鸣的卡车声中，沉沉地睡着了。

这一次追讨欠款是董明珠吼出的第一声，仿佛也给董明珠增添了无数的胆量。 这次让她终生难忘的讨债经历也坚定了她的一个销售理念：一定要先付款，后发货。她没有想到的是，这竟然成了格力后来一直坚持的原则。1992年，她的销售额突破了1600万元大关，占了整个格力总销售额的1/8，她也作为"大神级别"的厉害角色在格力内部传扬开来。在工作成绩一点点取得时，她的腼腆与柔弱也一点点地消失了，她变成了让竞争对手和合作伙伴敬畏的"铁娘子"。

董明珠掌管格力以来，在空调市场变化莫测、价格战持续不停的残酷行势下，不仅没有让她垮下来，相反，这种困境越发激起了她的斗志。1992 年，格力的总销售额达到了 8 亿元，格力顺利地成为国产空调综合实力的 20 强企业。

现在，董明珠给人们最多的印象还是她为人处事方面的"铁血作风"。对于她来说，格力的很多客户都是冲着她雷厉风行的作风以及对诚信的看重而成为格力的忠实用户的。而董明珠也在格力从事过的每一个岗位上都发挥了自己"坚持不懈"的精神，她通过不断的奋斗与摸索为格力打开了更加广阔的天地。

董明珠说："我最享受的事是参加我们格力的大会，我们庞大的销售队伍再加上一万五千多名员工，人山人海，我坐在台上，看着他们，知道他们从心里尊敬我，这让我感觉非常好，非常地幸福！"

想要抓住全部，不如抓牢一个：杜丽斯 · 费舍尔

《福布斯》世界富豪排行榜上一直鲜有女性的名字，然而在为数不多的女性名字中，真正白手起家创业成为富豪的女性更是少之又少。而在 2002 年的《福布斯》世界富豪排行榜上，有一个名字却吸引了人们的眼球，那就是杜里斯·费舍尔——她以 15 亿美元的资产排在 2002 年度《福布斯》排行榜的第 293 位。

杜丽斯在 20 世纪 50 年代毕业于斯坦福大学，成为理学学士的杜丽斯并没有沿着理学专业的这条道路继续前行，而是走上了一条截然不同的道路——服装销售。

在斯坦福大学，杜丽斯的学习成绩非常出色。她听从教授们的教诲，严以律己。但是，她在学习时却陷入了一个纠结的问题之中，那就是她总想着将自己所学的科目成功地全都达成优秀。为此，她经常废寝忘食地学习和做研究。尽管她的成绩很好，但是却没有几个教授对她有好感，这不免让她有些难过。

就在她即将踏入社会工作的时候，杜丽斯发现花花绿绿的社会中有太多的东西是自己喜欢且想要得到的，但是，此时的她已经不再想将全部东西都抓住了，她想的是如何能够在某一领域内取得成功。

杜丽斯很快遇到了自己的丈夫唐纳德 · 费舍尔，并且她打算与丈夫一起开创一番事业。但是现实的生活毕竟很残酷，这不得不让杜丽斯和其丈夫先解决生活问题。于是，唐纳德做起了不动产开发的项目。杜丽斯很支持丈夫，但是随着丈夫的生意越来越好，她不禁从心里产生了一种危机感。"斯坦福大学的毕业生难道就这样一事无成吗？"杜丽斯反复地思考这个问题，当她拿出毕业时斯坦福教授给她的评语时，她再次清楚地看到了"想要抓住全部，不如抓牢一个"。此时，她忽然明白，即便自己已经结婚，她却不能放弃自己心目中最想要得到的成功。

其实，在杜丽斯的心中，做一个时尚品牌一直是自己梦寐以求的。当时，她之所以会在斯坦福大学选择理科是因为听从了家人的安排——她的家人认为在战后初期需要的就是科技人才。但是，她清楚自己的真实想法，即她最想成为一名时尚品牌的创始人。

她将这一想法告诉了丈夫唐纳德，丈夫很支持她。1968年年底，杜丽斯开始在服装行业跌打滚爬地前行。一开始，她先是进入了一家服装销售公司推销产品，而这种工作与之前自己在办公室内做研究完全不同。服装销售又累又苦，还得与客户花费口舌。于是，她换了一家服装材料的采购工作，这项工作比之前推销服装还要辛苦。杜丽斯从这些工作中虽然没有挣到足够的钱，但是却积累了大量与服装相关的经验。

1969年，杜丽斯的丈夫唐纳德在一家服装店里购买牛仔裤的时候，却发现这家服装店没有一条适合自己的牛仔裤，这让他很懊恼。回到家之后他向杜丽斯说起了此事，这让杜丽斯忽然发现，这是一个很好的商机。

于是，杜丽斯决定与丈夫一起开设牛仔裤的零售店。他们在旧金山州立大学附近开设了第一家牛仔裤的零售店。在这一阶段，杜丽斯为了能够吸引更多的顾客，采用了磁带和牛仔裤合售的方式。她认为，这样可以让顾客在心理上得到满足，在买到磁带的同时也可以买到牛仔裤。但是，结果并不理想，很多顾客是被音乐吸引进来的，因此对店内的磁带更感兴趣，至于牛仔裤，很少有人购买。

两个月后，杜丽斯店里的牛仔裤越来越多，杜丽斯只好清仓甩卖——她将库房里积压的近4吨的牛仔裤均以进价售出。这个方法果然奏效，牛仔裤很快售光了，但是他们却没有赚到钱。杜丽斯的美好愿望，就这样被残酷的现实打破了。

但杜丽斯认为不能因为一次失败而放弃，于是她决定总结上次的失败教训重新来创业，而且这次她再次领悟到了斯坦福大学教授曾经说过的："想要抓住全部，不如抓牢一个。"所以，她放弃了在卖牛仔裤的同时兼卖磁带的方式，而改做牛仔裤专卖店，而且她还给自己的服装店取了一个十分响亮的名字——盖普（Gap）。

为了区别于其他服装店，杜丽斯将目标客户定位为美国的年轻人，并且在店内着重强调一种年轻化的购物氛围，更为重要的是，杜丽斯的盖普只销售牛仔系列服装。而在当时，专卖店还是一种新生事物，但是正是这种另类而独特的销售模式，吸引了美国的青年休闲消费者。

就这样，第二次创业的杜丽斯一炮打响，并且在短短两年的时间，开了十几家分店。杜丽斯看到自己的专卖店如此地大受欢迎，她开始为自己的专卖店注册标志，并且统一门店装修。

在店内设计上，杜丽斯以女性的直觉，察觉到了零售业的永生方式，那就是不光商品价格要合理公平，还应该为顾客创造一个平等亲和的氛围，即让顾客走进盖普店里没有贫富之分，没有等级划分，以便使所有的顾客都会在她的服装店里感受到一种舒适的购物心情。

盖普在杜丽斯一门心思的经营下越做越大，到1983年，盖普成为全美十大服装品牌之一，盖普从此走上了成熟稳定的发展时期。同时，杜丽斯也于2002年，一跃跨进了《福布斯》亿万富翁排行榜，成为美国服装界最具影响的女首席执行官。

女 人 要 优 雅：

外在气质是你的第一张名片

把自己更美的一面展示在公众面前：撒切尔夫人

撒切尔夫人是英国历史上唯一的女首相。她意志刚强，作风果断，素有"铁娘子"之称。这样的称呼自然会给人"硬邦邦"的印象，似乎她只是一个"女汉子"。但实际上，撒切尔夫人除了具有强硬的一面，同时也有柔情的一面，她曾经表示自己首先是女首相，然后才是首相。

撒切尔夫人其实与所有的女性一样，是一个对时尚情有独钟的女人，甚至可以说，她一直游走在时尚的前沿——她照样会想着减肥，会琢磨着如何保持身材，试图把自己最完美的一面展示在公众面前。

撒切尔夫人生长在一个十分传统的中产阶级家庭，从小就被灌输着装要"得体、干净"的思想，也许是少女时代过于传统的家庭氛围，导致她日后对于鲜艳颜色的喜爱——在她的衣橱中永远找不到黑白两色的服装。也许是蓝色给人以优雅、稳重又不失高贵的感觉，蓝色套装几乎伴随了撒切尔夫人的一生。1979 年，她走进唐宁街府邸那天就为我们展示了蓝色套裙，从此以后虽然式样各异，但风格却是一致的，她的身影伴随着沙漏型套裙、直身套裙以及宽肩上衣一路走来，直到去世，撒切尔夫人实践了自己"打算永远穿着它们"的诺言。

1983 年，开始第二个首相任期的撒切尔夫人，为配合自己的强势作风，着装变得硬挺，配上犀利的垫肩，一身深蓝色向世人诉说着自己的坚韧。她在定做这身套装时，在细节上要求做很多男性化的改良，设计师回忆说撒切尔夫人知道自己想要的是什么。她努力使自己的衣服配合自己的个性而不是夺走个性的锋芒。同时撒切尔夫人毫不掩饰自己对珍珠的喜爱，因为珍珠可以使人显得更有光彩。大家自然也不会忘记撒切尔夫人的标志性物品手袋，一款有棱有角、咄咄逼人的黑色手袋陪伴她走过了 30 年，2011 年她用过的一款手袋以 25000 英镑的价格被拍卖。总之，发型、手袋、蓝色套装以及珍珠及其合理的搭配，这样的"标配"使她看起来充满了活力，成为政坛上一道靓丽的风景。

撒切尔夫人在从政时并没有忘记时尚界的事，她曾在自己的首相官邸两次接见过时装设计师，而且还认为时尚产业在英国举足轻重，而英国并没有给予这一产业足够的重视。所以在她做首相的那些年，扮演了英国时尚产业的支持者。她还曾经大谈自己的购物心得，表示给衣柜添置衣物时要"把钱花在刀刃上"。

撒切尔夫人即使是在退出政坛之后，仍然没有远离时尚圈。2008 年，已经 82 岁的撒切尔夫人登上了英国版《时尚》杂志，成了年龄最大的"模特"，而且值得注意的是，这并不是她第一次与时尚类杂志走得如此近，由于其眼光在时尚界大受好评，撒切尔夫人四次登上时尚类杂志。

此次担任撒切尔夫人摄影师的不是别人，正是曾经为英国王妃戴安娜、威廉王子、哈里王子等拍摄照片的摄影师马里奥。与撒切尔夫人的这次合作，是马里奥多年来的一个梦想，作为比利时著名摄影师，马里奥对撒切尔夫人的品味一直赞赏有加，希望有朝一日能为这位影响时尚界的政坛人物留下一组经典纪念，这一天终于梦想成真，马里奥显得十分兴奋。

撒切尔夫人自然穿上了她那件著名的蓝色套装，马里奥在伦敦克

拉瑞芝大酒店为撒切尔夫人拍摄了照片，尽管撒切尔夫人已经82岁高龄，精神状态不比当年，但是眉宇间仍能显露出当年的"铁娘子"风范。照片拍摄完毕，撒切尔夫人并没有因此"善罢甘休"，她很注重自己将会留下什么样的形象，坚持要看那些照片。看罢照片的撒切尔夫人果然从中发现了"漏洞"，她对自己的皱纹以及暗斑耿耿于怀，表示能否对这些瑕疵"做点什么"。后来出版的杂志上，我们看到了这样的照片：站在粉色床垫前的撒切尔夫人，一脸严肃，眼神坚定，标志性蓝色套装、胸针以及珍珠项链，永远不变的发型，为图片配的文字是"真正的风格需要自信"，年纪会发生变化，但是对时尚的喜好会伴随终身，时尚是转瞬即逝的，撒切尔夫人的时尚却是永恒的。她的扮相如今已经成为经典，2011年，一组以撒切尔夫人为原型的时尚大片推出，重现了她一生之中很多经典场景。

撒切尔夫人自己追求时尚，一度引领珍珠饰品的潮流，甚至她本身的造型已经成为时尚，作为政治家，她拥抱时尚的同时又必须避免过于时髦的打扮，其品位恰到好处地把握住了分寸。

从"刀枪不入"的女强人到时尚达人，这两种气质真实地统一在同一个人的身上，一方面她是柔美典雅的女人，另一方面又必须做出强硬的"女汉子"姿态，其服装风格真实地体现了这样的矛盾，法国前总统密特朗评价撒切尔夫人说她的眼睛和嘴唇分别像卡里古拉和玛丽莲·梦露，非常贴切地形容出她身上那种既强势又时尚的独特女强人气质。这位从20世纪50年代一直活跃到90年代的政坛女性，其生活化的时尚一面同样会被历史铭记。

天使在人间：奥黛丽·赫本

她是电影史上无法忽略的一个存在，一双清澈纯真的大眼睛，一个能使人忘记一切名利的微笑。她是天使，是公主，更是没有一切俗念的小精灵，她是少有的集高贵典雅于一身的人，她全身散发着清新脱俗的优雅气质，如果你不知道什么叫贵族气质，看过她的电影作品一定会恍然大悟。她就是英国著名电影演员，奥黛丽·赫本，坠落凡间的天使。

奥黛丽·赫本一生获得5次奥斯卡最佳女主角提名，并凭借《罗马假日》一片获奖，1987年因在艺术领域的成就被法国政府授予最高荣誉"骑士荣誉勋章"，1999年被美国电影学会评为"百年来最伟大的女演员"第3位。

在试镜《罗马假日》时，赫本就显示了她独一无二的迷人气质。

派拉蒙的电影《罗马假日》最初的女主角敲定简·西蒙斯或者伊丽莎白·泰勒，但是二人并没有接受邀请，于是导演威廉·惠勒想到了通过公开选拔的方式去找女主角。当奥黛丽·赫本接到试镜邀请以后，并没有把这件事放在心上，她正在参演一部叫作《金粉世界》的电影，按赫本的设想这是她结婚生子之前最后一部作品。但是既然接到邀请又不好回绝，所以只好抱着敷衍的态度去走一走过场。

来到试镜现场，威廉·惠勒安排了这样一个场景：侍女伺候公主上床，公主因不满枯燥的宫廷生活大发牢骚，并且身穿及地的白色睡

衣在一张床上坐仰卧起坐。赫本没想竞争这个角色，因此毫无压力，身体极其柔软，尽显贵族本色，她轻松地做着导演安排的动作，很放松地拉伸身体，将双臂伸向天花板，给人的感觉就像一个顽皮的孩子，威廉·惠勒顿时感觉眼前的这个人就是真正的公主。赫本做完了规定的动作后，就卸了妆，换好衣服与工作人员开心地聊天，她坐起来，两手抱膝，满面笑容问道："我演得怎么样？"威廉·惠勒此时却向摄像师悄悄地做了一个手势，示意他不要停下来，继续拍摄。

惠勒此举意在想要了解赫本在最自然的状态下表现如何，刚刚表现出的气质是在镜头里的表演，而赫本并不知道自己现在的一举一动同样被录入了摄像机，因此还在和别人开着玩笑，所以此时的赫本是最真实的。惠勒问了赫本一些关于她自己的问题，并不知情的赫本轻轻松松地再一次把一个高贵典雅的女性形象展现在所有人的眼中，当胶片出来之后，大家感到非常震惊，他们认为赫本根本没有在表演，那真实自然的举止是发自内心的，没有丝毫的矫揉造作，更没有卖弄姿色，他们对赫本都充满了信心，于是赫本毫无争议地当选为公主的扮演者，赫本后来无论如何向大家说明自己根本没有做好当主角的准备也改变不了导演的心意。派拉蒙的主管当时说道："马上和她签约。"生怕被别人捷足先登。

赫本在回忆这段往事时用了"飘飘欲仙"一词。

影片的男主角是著名影星格里高利·派克，因为他的名气比较大，海报宣传自然以他为主，但是在和赫本合作后，派克完全被赫本征服了，他力主自己在海报上的名字要排在赫本后面。派克表示不是因为自己慷慨，看过赫本表演的人自然会知道这样的安排是理所当然的。

影片在意大利拍摄，吸引了众多罗马市民来到拍摄现场围观，他们被赫本的高贵气质深深地迷住，简直有点不相信还会有天使一样的人存在，大家谁也不肯离开现场。剧组走到哪里，那些围观者就跟到哪里，怎么甩都甩不掉。整个罗马城万人空巷，而拍摄现场则人山人海。人声鼎沸的场面，曾一度扰乱了影片的拍摄进度。

赫本在片中一头黑色短发，调皮天真的笑容，轻盈苗条的身姿，剪裁合体的衣着，完全颠覆了那个时代的性感金发女郎审美观。赫本不以性感取胜，而是给人以出淤泥而不染的感觉。影片上映后大获成功，票房合计1700万，获10项奥斯卡提名，赫本凭借该片成为奥斯卡影后，赫本的短发"赫本头"风靡世界，成为最流行的发型，赫本也成为真正的明星。连好莱坞巨星英格丽·褒曼看过影片后也叹其惊为天人，甚至有评论说如果没有赫本，这部电影就是一部平庸的作品。可以说是赫本的独特气质成就了《罗马假日》。

赫本在银幕上是高贵的，在生活中也是同样的高贵，她虽然美丽动人，但决不会为了取悦观众而在镜头前搔首弄姿，一些裸露的戏也与她无缘，赫本要让大家看到一个追求纯洁、美好的形象。电影《俪人行》有一场戏发生在海滨，导演要求赫本穿游泳衣，这种很常见的剧情安排，却使赫本紧张到了极点，一想到自己要把身体暴露在观众面前，她就觉得无法接受。导演一再做赫本的工作，最后终于说服了赫本，但是我们最终看到的影片中，那场戏赫本演得很做作也很忐忑，因为她实在不习惯这样的情节。赫本洁身自好的表现，赢得了所有人

的尊重。

奥黛丽·赫本的美丽得到了全世界的赞美，她的美丽不仅仅是那种外在的精雕细琢，如果单论外在，同时期有很多好莱坞女星要胜过她。但赫本有一种无法用语言形容的美，其神韵只能凭借镜头去捕捉，其独一无二的高贵气质是由内而外散发的，或含蓄，或委婉，细腻典雅兼而有之，呈现出一种经典的特质，是一种可以回味的美，那种气质超越了时代，半个世纪过去了，仍然难寻第二个赫本，在群星璀璨的好莱坞，赫本做到了不朽。

我们可以老去，但必须优雅地老去：马艳丽

她从事过体育事业，曾经是一名优秀的皮划艇运动员，后来进军时尚界，成为一名模特，1995 年获得上海国际模特大赛冠军。她也曾经在演艺圈小试牛刀。2004 年她创建时尚女装品牌 MayyMa 以后成为时尚界的新势力，一直走在时尚的前沿，她就是著名的服装设计师马艳丽。

从事高级定制之后的马艳丽，曾经有过让全世界的女性羡慕嫉妒恨的经历：受全球著名品牌的邀请为英国体育巨星贝克汉姆设计两套球衣。在那款球衣上，马艳丽融合了很多中国特色。

贝克汉姆虽然是足球明星，但由于他的外在形象好，所以在时尚圈一直有着巨大的影响力与号召力，贝克汉姆和妻子辣妹一直是媒体疯狂追逐的对象。马艳丽本人也十分欣赏贝克汉姆，知道自己即将为时尚的风向标定制服装之后，她感受到前所未有的压力，而且时间紧迫，必须在 4 天内完成任务，这对马艳丽来说是一个巨大的挑战。如何才能既让贝克汉姆满意，又能使自己的特色体现在上面呢？

马艳丽觉得必须融入中国元素，因为自己是中国人。但是中国元素在世界上已经很流行了，如何才能有所超越呢？首先，在颜色上马艳丽选择了贝克汉姆最喜欢的黑色，然后搭配金色，这样会使其显得更加高贵。在袖子上她加入了最典型的中国元素：金色的龙。马艳丽认为龙在中国代表着权力与至尊，正好符合贝克汉姆在足球界的地位。

马艳丽在衣服的右上方加上四个字：贝感睿智，球衣的正中心有一个印章，印章上面的四个字采用的是繁体的篆字。马艳丽的用意是：小贝很伟大，但是我要把中国文化牢牢地印在你的胸口。马艳丽在这件球衣上最得意的一笔还是通过网状的面料用繁体的"贝"组成23这个数字，远看则是一层网眼布，"贝"字在中国有珍贵的含义，球衣后面还有贝克汉姆的名字，整体上中国元素与时尚风格完美融合。

另一款球衣的设计也是匠心独运，这是一件可以两面穿的衣服，颜色也是以黑色为主，衣服正面布满金色的、用繁体书写的"贝"字，由于领口要有拉链，这就为设计增加了一点小难度，不可以采用传统的直上直下，因为四个字需要放在合适的位置，如果设计在中间，拉链从中间分隔开，一定会破坏整体的美感。而四个字必须要在中心才能体现出贝克汉姆在球迷心中的地位。马艳丽突然想到可以借鉴中国古典服装，采用了中国的小立领，让拉链从侧面拉下去，同时带有一定的弧度，熟悉小贝的人一定会联想到贝克汉姆经典的弧线球，这样的设计看起来非常美观，同时也保证了四个字处在了中心位置，设计上又显得非常简洁、大方。

就这样，马艳丽通过精心设计使得球衣上承载了很多的文化积淀，使中国文化通过贝克汉姆传递到观众的心中。

这两件球衣的设计非常成功，也得到了贝克汉姆的喜爱，当他听到了这款球衣的创意之后，更是对中国文化感到惊叹，连连说"完美"。在出席活动时，马艳丽想要贝克汉姆试穿一下，小贝爽快地答应，并且不停地赞美球衣的创意，贝克汉姆也借助马艳丽的设计为大家呈现了一个与众不同的、具有浓郁中国风的自己。马艳丽又用一模一样的设计制作了一批同样款式的 T 恤衫，不过这款 T 恤衫仅有 100 件，受到了年轻人的热烈欢迎。这款运动服也是马艳丽最喜欢的设计之一。

很多人所理解的高级定制还处于"裁缝"的阶段，其实二者有着天壤之别。裁缝是根据客人的想法做衣服，而高级定制则需要有自己的设计理念，自己的品牌。但是如果客人坚持自己的思路，马艳丽还是会考虑让步的，尽管她本人认为"客户应该是因为喜欢你的风格才来找你的"。

曾经有一个客户来定制服装，由于他看到其他人穿了某一种颜色的衣服觉得很美观，也要求马艳丽照做一套。马艳丽是模特出身，审美眼光非常地独到，她认为这位客户更适合黑色针织面料，于是跟他说了自己的观点，但客户坚持要这种颜色的布料，马艳丽只好按照客户的想法去做衣服。不过她预料到客户穿上这套衣服后一定会觉得效果并不好，所以在按照客户的要求做了那套衣服的同时，马艳丽又用黑色针织面料做了一套同样款式的礼服。

等礼服做完，客户试穿时果然发现马艳丽说得没错，自己想要的效果并没有在这套礼服上得到体现，当他穿上马艳丽用黑色针织面料做的那一套礼服时，觉得这一款的确更适合自己，对马艳丽的周到服务，客户充满了感激。

让客户感觉到温暖是马艳丽的服务理念。

马艳丽最遗憾的事就是没能为天王巨星迈克尔·杰克逊设计一款服装，她在见到杰克逊的音乐制作人时曾表示如果杰克逊来到中国，

自己可以为这位伟大的歌星设计演出服，但没过多久，就得到了杰克逊不幸去世的消息。马艳丽为很多名人设计过演出服。她把自己的风格定位为"隐忍的奢华"，也就是说她设计出的服装不会特别的张扬，不会显得多么的惊艳，但是在细节上会体现出很多内涵。穿上马艳丽设计的衣服慢慢回味，会品出很多滋味来，而在这一过程中，自然也就会被她的设计所征服。

从名模到演员再到设计师，马艳丽完成了华丽的转身，也一路见证了中国时尚界的崛起与发展。

向世人展示了最真实的自我：杰奎琳·肯尼迪

　　杰奎琳是美国历史上最年轻的总统夫人，她的丈夫是美国历史上最年轻的总统——约翰·肯尼迪。她没有出众的美貌，却被美国人评为心中最美的"第一夫人"。虽然她出身平凡，但其成熟的气质，优雅的举止以及独立的个性，为人们所敬仰。

　　在担任第一夫人期间，杰奎琳摇身一变成为了美国的时尚偶像。不仅如此，她还为白宫带来了更加年轻的气息，早在肯尼迪作为参议员时，杰奎琳就在服装方面大费功夫。杰奎琳过高的消费引起了肯尼迪的警觉，他找来专业的会计师审查杰奎琳的账单。对于丈夫这样的举动，杰奎琳说道，作为总统夫人，必须注意自身形象，因为她是总统夫人，她的形象对国家有着很大的影响。杰奎琳表示，作为一名公众人物，不能因为自己的疏忽而影响到丈夫的政治前途。

　　在 1961 年到 1963 年期间，杰奎琳的许多造型成为了时尚圈的宠儿。为了更好地打造独特的外形风格，杰奎琳请来了著名设计师 Cassini，专门负责第一夫人形象的塑造。据说，在 Cassini 第一次见到杰奎琳的时候，其蓬松短发映衬下的明亮眼眸，就让他瞬间想到了遥远神秘的埃及公主。杰奎琳是一个对时尚特别敏感的人，她钟爱别致的设计以及巧妙的搭配，通过合理的选择来使它们达到最好的效果。杰奎琳的服装，透露出其简单细致的品味，显示了她在衣着打扮上的细心。她一直追求的是优雅风格。

　　杰奎琳相貌平平，两眼间隔大，身材也没有值得炫耀的地方。她虽然有过做模特的想法，不过这个不成熟的想法很快就被她否定了。在出席总统就职典礼时，杰奎琳穿着黄褐色外套和礼服，在出国访问的时候，她也向人们展示了多种服装风格。杰奎琳紧跟时代的发展潮流，顺应当时流行的怀旧风，套装和盒子状帽子的搭配被竞相模仿。

　　杰奎琳身材高大，脸庞也较宽，显示出一股异域风情。因此，杰奎琳在出席晚宴的时候都会选择希腊女神的造型。露肩的服装完美地展现了她高大的身材，追求单一的颜色，看上去让她显得更加的优雅，具有一股浓浓的成熟韵味。她的晚装和身材完美融合，是多种风格的结合。不仅如此，杰奎琳喜欢亮色和印花的衣服，她也会经常穿着牛仔裤出现在公众面前，她带动了新的服装样式的流行。杰奎琳是一个非常虔诚的素食主义着，这在她的服装造型上也有所体现，"萝卜干和芹菜"的风格一时成为一道亮丽的风景。

　　当然，作为第一夫人，杰奎琳的服装也能体现出丈夫肯尼迪的政治理念。其很多造型设计上，都充满了年轻多变的风格，隐喻着肯尼迪的年轻和活力以及更加灵活的国际政策。不仅如此，杰奎琳还通过设计向外界传递信息，表明白宫正式进入了雅致化的时代。

　　在进入白宫后，杰奎琳就开始了对白宫风格的打造。这个白色的建筑物引起了杰奎琳巨大的兴趣，她意欲对它进行一番彻底的改造，让白宫形象焕然一新。当杰奎琳手握着白宫一百多个房间的钥匙时，她信心满满，她要让这个古老的建筑重新焕发生机。白宫具有上百年的历史，见证了美国梦的崛起，但她必须要适应更加开放、更加平等的美国社会。为此，杰奎琳开始了白宫的装修，她争取让这个古老的建筑成为一个历史博物馆。在杰奎琳的领导下，迅速筹集到了超过百万美元的资金，这些资金可以保证她的想法被完美地呈现出来。杰奎琳购买了一些古老的家具以及一些精致的画作，让整个白宫充满着清新的味道，显示出年轻的活力。

1963 年，杰奎琳配合肯尼迪的竞选工作，来到达拉斯为丈夫拉选票，以争取获得连任。然而，谁也没有想到，一个可怕的阴影正在慢慢地向他们靠近。当时，杰奎琳和丈夫坐在同一辆敞篷车中，在人群的欢呼中前进着。杰奎琳坐在后面，注视着周围热闹的人群。所有的人都涌了出来，人们争相目睹第一夫人的芳容，场面热闹非凡。突然，从街边大楼飞来两颗致命的子弹，分别击中了肯尼迪的脑部和颈部，瞬间将这位年轻的总统置于死地。而后座的杰奎琳眼睁睁地看着这一幕的发生。对于一个女人来说，看着丈夫在自己的面前被杀死，是一种多么巨大的痛苦。随后，杰奎琳强忍着内心的悲伤，一步不离丈夫的灵柩。

当时，红色的血迹和令人恐怖的脑浆迸到了杰奎琳的长筒袜和衬衫上。但杰奎琳不想换掉这身衣服，她要穿着它让全天下的人看到歹徒的罪恶，看到邪恶的力量，她想以此奉劝人们爱好和平，抵制血腥。当身边人劝说她换掉那身衣服时，杰奎琳愤怒地说道："我要穿着它，让罪恶的行径得到全天下人的斥责。"

杰奎琳在刺杀事件中表现出异乎常人的冷静，这让更多的人开始重新审视这位年轻的第一夫人。在外交和公众场合，她始终保持着时

尚的风格，展现优雅的姿态，让全世界的人们看到一个不一样的美国夫人。她为整个美国带来了更加丰富的元素，比如活力和聪慧。在她身上，不仅具有高雅的气质，还渗透着成熟的味道，充满着无限的魅力。

也许有人对她有所苛责，但多年之后，杰奎琳还是得到了人们广泛的认同。在最近，人们开始缅怀这位伟大的第一夫人，时尚、智慧和成熟的她，成为了众多女性学习的榜样。

努力让自己更美：陶思媛

2005 年 4 月 23 日，世界环球小姐中国区总决赛在昆明胜利闭幕，来自四川的北京电影学院 21 岁的大三女生陶思媛，艺压群魁，一举夺得"中国环球小姐"的光荣称号，并且获得"最具人气"和"最具活力"两项大奖。不仅如此，陶思媛还是四川地区第一个"环球中国小姐"，她为家乡争得了荣誉。

2002 年，陶思媛以优异的成绩考取了北京电影学院表演系，开始了她的北京求学之旅。2004 年，还在读大二的陶思媛首次报名了当年的环球小姐选美大赛。起初，陶思媛并没有想参加这次选美比赛，是在同学的撺掇下报名的。第一次参加这样的比赛，陶思媛心里既放松又紧张，因为完全没有什么概念，只能凭着感觉走。然而，或许陶思媛更加适合于这样的比赛，因此在完全懵懂的状况下，一举夺得了四川赛区的冠军，成功地跻身全国总决赛。突如其来的成绩，让陶思媛大为吃惊，没有想到第一次参加这样的比赛就能取得这么好的成绩，所以她开始对总决赛有了信心。

环球大赛中国区的总决赛，竞争相当激烈，是对一个选手全面素质的检验，不仅需要选手具有良好的艺术和文化修养，还需要拥有大量的比赛经验。而陶思媛完全是误打误撞进入到了全国总决赛，对自己充满了信心，却并没有意识到比赛的残酷性。结果，她只获得了"最佳上镜奖"，一个鼓励性质的称号，最后都没有入围十五强。当结果

出炉后，陶思媛伤心得哭了。不过，经过这一次的比赛，陶思媛意识到自己在经验上的匮乏，以及在综合素质上的不足。后来，陶思媛决定重整旗鼓，明年再来。"从哪里跌倒，就从哪里爬起来。"这是陶思媛不断激励自己的话。在备战 2005 年的环球小姐选拔赛的过程中，陶思媛狠下决心，一定要重新证明自己。

陶思媛的母亲也鼓励她重新再来，她觉得女儿不是因为缺乏实力，而是没有把最好的一面呈现出来，是在经验上有所欠缺。在母亲的支持下，陶思媛下定了决心。为了能够更好地备战 2005 年环球小姐选拔大赛，陶思媛的准备工作从 2004 年失败之后就紧锣密鼓地展开了。有了第一次失败的经历，陶思媛更加地明白自己的不足和劣势，于是她开始了有针对性的练习和学习。

选美比赛，需要非常靓丽的外表和独特的舞台表演能力，需要建立起让人眼前一亮的风格。为了能够将最好的一面完整地展现出来，陶思媛开始搜集各种选美比赛的相关资料。在母亲的协助下，陶思媛购买了几乎所有的世界选美比赛的光碟，一遍一遍地看，跟着练习，研究人家的舞台表现力和动作的呈现。陶思媛对着这些比赛的光碟，模仿人家的动作，特别是细节性的地方，还让母亲在一旁观察动作的到位程度和表现力。内在气质是真实内心的表露，陶思媛不断调整自己的心态，用真善美的理念来指导自己。

选美比赛，是一个注重内在和外在并举的项目，需要更加全面的综合素养。在第一次比赛中，英文对话是陶思媛的一个弱项。因此，陶思媛更加刻苦地练习英文对话和发音。那段时间，她每天听着英语光碟，跟在人家后面练习发音，矫正英语的语音问题。英文水平的提高，需要经常保持对话，而口语练习是非常重要的。为了更好地备战，陶思媛还请了英文家教，保持足够的英文对话强度，逼着自己说英文。经过一段时间的练习，陶思媛的英文水平有了较大幅度的提升，能够流畅地与人交流了，发音也变得更加标准了。

为了更好地提升知识和文化素养，陶思媛开始了解和研究中国的文化精髓，看各种书籍，努力从内在提升自己。就这样在紧张的备战过程中，陶思媛通过阅读各种书籍使自己在知识面上有了更大的拓展。

在整整一年的备战之后，陶思媛带着更加自信和成熟的表现参加了 2005 年环球小姐中国赛区比赛。经过半个多月的海选和晋级赛，陶思媛成功入围最后的总决赛。在初赛阶段，陶思媛就展现出了良好的精神状态，在各类公益和时尚活动中，出众的精神气质和文化修养为她赢得了喝彩。

2005 年 4 月 23 日，总决赛在云南滇池拉开帷幕，一时间，群芳荟萃，十分耀眼。在青春装、泳装等四个环节的较量中，陶思媛从 49 位佳丽中成功晋级 20 强，向着最后的冠军发起冲刺。又经过了两轮激烈的角逐，陶思媛顺利突围，成为最后的 5 名选手，离冠军又近了一步。最后的 5 名选手，在外表方面都是非常出众的，每个人都有同等的竞争机会。这个时候，考核更多地集中于选手的知识修养和文化内涵上，因为这是一场讲究内在和外在完美结合的选美比赛。

接着，就进入了问答环节，这个环节是为了考验每位选手的真实水平。在问答环节，评委分别用中文和英文提问，这不仅增加了比赛

的难度，也是考验每位选手的临场应变能力。评委向陶思媛提问："你还很年轻，随着时间的流逝，你觉得如何才能永葆美丽，让美丽永不褪色？"陶思媛在经过了短暂的思考后，答道："我认为美丽是不会随着时间的流逝而褪色的。美丽不仅表现在外表，更体现在内涵和气质的修养上，这些都是不会变的。我觉得自己是一个有内涵的女人，美丽是不会褪色的。"这个自信而独特的回答得到了众多评委的肯定和称赞，让陶思媛一下子显露了出来。

最后，主持人宣布了结果：来自四川的 11 号选手陶思媛荣获 2005 年度环球小姐中国赛区总冠军。当听到这个结果的时候，陶思媛流下了激动的泪水，所有的辛苦和付出都有了回报。尽管初次参赛折戟，但是在精心准备之后，她用实力重新证明了自己。

在比赛之后，众多影视公司抛来了橄榄枝，想要签约她进军娱乐圈。对此，陶思媛一一婉拒了，她表示自己还需要更多的学习和历练。

以柔克刚的"钢铁娘子"：谢企华

1994 年，谢企华正式出任宝钢集团总经理，开始掌控这家巨大的钢铁企业。那个时候，宝钢正处于企业发展的关键时期，雄心勃勃，试图通过集团化的运作方式，进一步扩充实力。当时，宝钢具有非常大的战略构想，试图在全国各地兼并或者投资建厂，以增强实力。经过一段时间的讨论，集团做出了这项决定。

但是，具有敏锐眼光的谢企华意识到了其中的危害。谢企华认为，这么大规模的兼并和投资会为宝钢带来巨大的风险，并不适合宝钢的发展壮大。在董事会上，谢企华论述了自己的主要观点：一是，大规模的兼并投资具有非常大的盲目性，会导致权钱的过度膨胀，贪念的滋长会损害宝钢本来稳定的发展格局，埋下隐患。这种大规模的横向扩张，会导致发展没有限度，破坏原有的生产体系。二是，这样的发展模式并不是对原有体系的升级，结构没有调整，改变的空间也相对狭小。

这个时候，宝钢在国内正处于领先地位，引领着整个中国钢铁业的发展，优势非常明显。因此，宝钢的管理者开始思考全面的兼并投资计划，试图实现企业的快速发展壮大。但是，谢企华否定了这一计划，她表示，宝钢可以实现多元化的发展，但是必须要实行适度多元的发展政策，避免发展过快导致生产和管理混乱，破坏原本的企业格局。

在出任宝钢总经理之后，谢企华果断放弃原定的发展计划，开始

走联合发展的道路，并且循序渐进地推进，保持企业发展的平稳度。更清晰地说，谢企华放弃了集团化的发展思路，而是和其他企业寻求建立合作关系。当时，在上海有上钢和梅钢两家企业。地缘较近的缘故，谢企华首先将视角放在了这两家企业上，开始了联合发展的探索之路。

1998 年，国务院批准了谢企华提出的联合发展的提案。上钢和梅钢经由上海市批准，归中央统一管理，然后国务院将这两家企业交给宝钢集团统一经营，成立全新的上海宝钢集团公司。这家公司是联合性质的发展模式，一下子增强了宝钢的实力，使其成为中国最大的钢铁公司，运营规模上亿元。

实际上，谢企华的眼光是非常独到的，看到了中国钢铁行业存在的问题。当时，钢铁行业是国营企业，尽管产量位居世界前列，但是行业分散，整体实力落后。在中国钢铁行业整体衰落的情况下，谢企华带领宝钢继续坚持钢铁的主业，开发多种产品，提升了宝钢在世界范围内的竞争力。

2001 年，中国正式加入世界贸易组织，全面融入到了更加复杂的国际竞争中。对于中国钢铁行业来说这也是一次巨大的机遇和挑战，考验着以谢企华为代表的管理者。早在 1996 年，中国的钢铁产量就跃居世界第一，但是由于技术和管理的落后，中国钢铁并不具备强劲的国际竞争力。因此，钢铁行业面临的困难更加的严峻。

谢企华也认识到了其中的利弊，开始努力思索宝钢和中国钢铁行业的发展问题。谢企华对钢铁行业的同仁们说道："钢铁行业在全球范围内竞争激烈，中国加入到世贸组织，将会首当其冲。有的行业还有几年的保护缓冲期，但是钢铁行业没有，因此形势更加严峻。"

然而，情况比预想得更加糟糕。世界钢铁企业瞄准了中国巨大的市场，展开了新一轮强大的钢铁贸易战。美国首先对中国企业发起了冲击，导演了整个贸易战的发展进程。美国提高了国内进口钢材的关税，让世界钢铁无法进入到美国的市场竞争中去。这样的结果就是，世界钢铁的生产大于需求，因此使得价格大幅地下滑。这个时候，由于世界钢铁钢铁价格的下降，中国已经对外开放，导致大量进口国外钢材，这对中国钢铁企业造成了破坏性的损伤。在短短的几个月内，中国转而成为了最大的钢铁进口国。在国际钢铁的压迫下，国内钢铁行业利润大幅地下滑，举步维艰，处在了崩溃的边缘。

此时，谢企华勇敢地站了出来。作为宝钢的管理者，谢企华必须要带领宝钢和中国钢铁企业迎难而上，突出重围。由于技术的落后，中国钢铁行业的产品附加值相对较低，无法抵挡国外先进企业的竞争。谢企华果断出击，坚决对宝钢实行产品生产结构的升级，提高产品附加值，改变走低端产品的传统发展道路，努力创新高端产品生产，提高生产技术。

同时，谢企华还加大对世界贸易规则的研究，巧用规则解决了钢铁行业面临的国际竞争。

为此，谢企华主动联系国内的主要钢铁企业，联合向外经贸部提交了一份申请，对国内的钢铁产业进行调查。很快，外经贸部就实施了钢铁行业的保障措施，抑制了国外钢铁产品大规模倾销的现象，保护了国内钢铁企业的发展，稳定了国内钢铁市场。

宝钢集团也在谢企华的带领下，成功地应对了世界钢铁行业的倾销战，取得了较大的突破。谢企华又抓住发展良机，升级产品结构，创新产品生产方式。在 2003 年，宝钢的净利润增长了一倍，占据了国内一半以上的市场份额。

2002 年 10 月，美国《财富》杂志新年度的"全球 50 商界女强人"榜中出现了一个来自中国大陆国有企业的杰出女性：谢企华。她是中国特大型钢铁企业历史上第一位女性总经理。国内媒体对她的评价是：凭借"以柔克刚"的经营管理风格和独到的眼光、领导能力及丰富的经验驾驭了当量千亿级的"国家钢铁巨舰"。《财富》杂志的评价是：以柔克刚的经营风格，让宝钢这样"硬邦邦"的企业，常有以柔克刚的惊人之举。

谢企华用非凡的魄力和胆识应对了全球市场的冲击，铸造了中国钢铁企业发展的神话，使得宝钢成为了中国钢铁行业的中坚力量。

女人要坚强：
不怕千万人阻挡，只怕自己投降

我从来不会迷失方向，面对纷繁变幻，总是相当的理智和清醒：缪西娅·普拉达

缪西娅·普拉达是世界顶级奢华品 Prada（普拉达）的第二代掌门人，意大利著名的服装设计师。她的出生、爱情以及事业都和时尚紧密相连，可以说，缪西娅·普拉达将其一生奉献给了时尚，缔造了时尚界的奇迹，从而成为时尚界的风向标。

缪西娅小时候并没有对时装设计产生多大的兴趣，直到 1978 年她才开始接手家族企业，正式开始了她的时尚之旅。

缪西娅刚刚接手 Prada 时，这家风靡一时的企业由于受到竞争对手强有力的挑战，正在走下坡路，所以她肩负着力挽狂澜的艰巨任务。缪西娅决心使 Prada 走下去，重振品牌的辉煌。没有人会想到，缪西娅的加入成为了 prada 的一个转折。

缪西娅的确是一名才华横溢的设计师，尽管她并没有学过设计。缪西娅想到将传统与现代融合的风格。为了挽救企业的颓势，缪西娅拓展业务，开始生产女装购物袋和背包，寻求不同以往的新颖材质，经过反复尝试，最后选择了空军降落伞使用的尼龙布料，1985 年，她推出了一套尼龙背包系列，用的就是缪西娅最喜欢的黑色尼龙防水布料，质轻耐用，而且还在上面钉上倒三角形的 Prada 铁牌。材质上的创新和艺术上的追求造就了这款背包的独特，精心打造的黑色尼龙背包迅速风靡全球，让青年消费者尖叫，也使世界重新认识了 Prada 品牌。

尽管这些背包价格不菲，比皮包还昂贵，但还是被抢购一空。

缪西娅认为这是设计师第一次推出具有时尚创新意义的背包，它同时具有实用、时尚以及奢华的特点。这也是其让人们爱不释手的主要原因。而且这款背包显得很有个性。缪西娅反对单纯追逐时尚，甚至认为丑比俗好。她觉得盲目追求时尚会导致所有女性千篇一律，失去属于自己的时尚。

只要一提到时尚，人们脑子里就会想到标新立异、特立独行这样的词，好像那些设计师都很疯狂，缪西娅却不这样认为，她觉得时尚是女性生活的一部分，是很现实的艺术。

缪西娅还曾跨界到电影行业，为电影人物设计服装。好莱坞巨星莱昂纳多·迪卡普里奥主演电影《了不起的盖茨比》中的 40 套戏服都出自缪西娅之手。2012 年，《了不起的盖茨比》推迟上映，这对于广大影迷来说本来是件很沮丧的事，但随之而来的缪西娅设计戏服的消息让所有人欣喜，很多人都觉得为了在电影中大饱眼福，欣赏缪西娅的艺术，等待一段时间也是完全值得的。

在此之前，缪西娅曾经与《了不起的盖茨比》导演巴兹·鲁曼合作过。在这部 20 年代风格的电影中，缪西娅将自己 20 年 T 台艺术的精华巧妙地移植进影片，每一件都精工细作。影片中出现的蓝色多条纹亮片礼服，利用塑料和流苏装饰的裙摆，让熟悉缪西娅的影迷一定会联想起 2011 年 Prada 春夏系列 T 台上的吊带礼服；欣赏过 2011 年 Prada 秋冬系列的影迷也会在影片中一眼找出装饰有塑料亮片刺绣的橙色透明礼服；而 MiuMiu2011 年春夏系列的精华则体现在了女主角的

鞋子上。

电影服装设计师凯瑟琳·马丁说与缪西娅的这次合作将会勾起人们对 20 世纪 20 年代在美国东海岸刮起的欧式之风的回忆 。其实设计这些作品时，缪西娅并没有直接去比照某个年代，她觉得只要稍加变动，稍微调整一下角度，那些设计就会呈现出 20 世纪 20 年代的风情。缪西娅与电影的这次对话，既还原了"爵士时代"的真实风貌，同时也再一次引领了时尚，2012 年，"盖茨比"风范女装开始流行，时尚女性们集体进行了一次怀旧。

缪西娅说："我从来不会迷失方向，面对纷繁变幻，总是相当的理智和清醒。我从来就没有害怕过任何变化。"她喜欢不断改变，每天脑子里所思所想的就是如何突破自己，作为女性，她能深刻地体会到女性的情感与理想，因此能真正懂得什么才是时尚。

缪西娅在时尚界拥有很权威的地位，她设计出的东西就是时尚的代名词，从来没有人质疑，无论她的作品是什么样的，都会被疯狂抢购。不过缪西娅为人低调，不喜欢抛头露面，每次时装发布会上，她都不像其他设计师一样笑容满面地出现在 T 型台上，手拿鲜花接受观众的敬意，而只是从幕后快速地探出半个身子，向观众致意之后就马上离去。就是这样的一个人多年来一直引领着时尚潮流，是这个时代当之无愧的最优秀的设计师之一。

真相面前，敢于说真话：刘姝威

刘姝威，一个相貌平平的女人，却敢于说出"皇帝没穿衣服"，敢于打破神话。2002 年，蓝田事件的爆发，让正直、勇于承担责任的刘姝威进入了人们的视线。2003 年，刘姝威被授予"年度经济人物"和"感动中国"两个称号，刘姝威用她的责任与担当，为人们树立了榜样。

2001 年，研究经济的刘姝威正在筹划写一本《上市公司虚假会计报表识别技术》的专业书籍。刘姝威对待工作一向十分严谨，每一本书都要保证质量和水平，以对读者负责。这次，她让别人帮着审查一下书稿的质量。友人在读完书稿后向她提出建议，可以选择一些上市公司进行详细直观的分析，通过实例解剖让读者更加全面细致地掌握这些经济分析技术。于是，她采纳了这个建议。

当时，蓝田公司正好发布了一个投资风险报告，让投资者注意投资风险。2001 年，蓝田股份被外界誉为"中国农业第一股"，在中国证券市场纵横多年。在业内外人士看来，蓝田公司具有进军世界 500强的发展潜质，所有投资效果都非常好。几乎所有的人都认定：蓝田是靠谱的。鉴于蓝田的广泛影响，刘姝威就把蓝田公司的财务报告作为案例分析，她认为这可以让读者更加直观地感受分析技术的实用性。然而，经过一段时间的研究，最后的验证结果却吓坏了这名普通的研究人员。

在通过精细严谨的数据分析后，刘姝威发现，蓝田股份流动比率低于 1，这表明它在一年之内无法偿还债务。更加直观的表现就是，蓝田的运营资金亏损 1.27 亿元，而在一年之内，蓝田是没有偿还能力的。在专业的研究人员眼中，意味着这家企业已经失去了运作能力，没法创造现金流。也就是说，最后的结论是：这个庞大的企业只是一个空壳。

蓝田向银行贷款，但是蓝田是无力偿还的，只会增加自身负担。而对于银行来说，把钱借给蓝田将面临巨大的风险。因为向这些空壳企业发放贷款，会导致银行最后无力支付储民的存款，由此引发的后果是不堪想象的。最后，国家的大笔资金被消耗，更严重的是这些钱都来自普通的亿万纳税人。

作为一名普通的研究员，刘姝威没有名利的思想包袱，她也无意为自己宣传和炒作。但蓝田公司的空壳事件关系到国家和股民的切身利益，对于中国经济市场有极大的危害性。作为一名有良知的中国人，刘姝威不能视而不见，既然掌握了事实根据，就必须公之于众，尽早阻止危害的进一步发展。

刘姝威抱着极大的责任感和使命感，写了 600 字《应立即停止对蓝田股份发放贷款》的文章，并立即上交到《金融内参》，想尽快让真相公布于众。然而，随后的事情让刘姝威大为震惊。

在文章发表之后，蓝田公司总裁和副总裁找到了刘姝威的工作单位，严厉斥责她的"不负责任"的行为。由于她的文章，银行已经停止了对蓝田的贷款，使企业运营陷入停滞状态。紧接着，刘姝威又收到了洪湖市法院的传票，控告她捏造事实，危害蓝田公司的运营管理，导致整个企业处于崩溃状态。刘姝威义正言辞地说道：这么做是对蓝田负责任。

然而，事情比她预想得还要糟糕。法院的传票不仅让刘姝威处于舆论的风口浪尖，也让她平静的生活蒙上了一层阴影。紧接着，刘姝威收到了一些恐吓邮件，让整个事件变得更加扑朔迷离。2002 年 1 月 10 日，刘姝威像往常一样打开信箱，"1 月 23 日是你的死期"的死亡威胁赫然映入眼帘。

刘姝威立即报警，请求公安部门的保护，不过，刘姝威并没有被困难吓倒，治安警察的正义言行进一步激励了她。从陆续收到恐吓信开始，刘姝威意识到了事情的严重性，开始将自己写的《蓝田之谜》发往全国媒体，试图在舆论上制造压力，扭转事情发展的局面。很快，全国各大新闻媒体保持了对蓝田事件的高度关注，从舆论上展开对刘姝威的支持，揭开了蓝田事件的真实情况。

1 月 23 日，原定的开庭被取消，整个事件的局面再次发生扭转。后来传出消息，蓝田公司 10 名高管被传讯调查。2002 年，蓝田公司因为连续亏损 3 年，暂停上市。最终，正义战胜邪恶，刘姝威取得了胜利。

不过，从事实来看，刘姝威并不是第一个发现蓝田股份有问题的人。但她是第一个敢于说真话，敢于同邪恶势力做斗争的人。在刘姝威之前，曾经有人对于蓝田股份的情况提出过质疑，然而并没有人愿意说实话。在蓝田公司的背后，有巨大的权利和利益网络，一旦说出实情需要面对各种不可想象的情况。刘姝威显然是心知肚明的，但她还是说了出来，成为第一个敢于说"皇帝没穿衣服"的人。

　　作为一名经济学专家，刘姝威的职责就是研究分析当前的经济情况，并对此做出客观真实的结论。刘姝威之所以这样做，是对蓝田、股民和国家负责，是对中国经济发展负责。在市场经济的发展过程中，需要更多像刘姝威这样的人，为社会、企业和个人把脉。

没有什么不能顶过去的：徐莉佳

　　2012年伦敦奥运会，在帆船比赛的最高领奖台上，出现了一个中国人的面孔，她以35分的净得分获得帆船激光雷迪尔级女子单人艇冠军，这名中国女孩就是徐莉佳。她所从事的帆船运动作为欧洲运动扬名世界，在此之前，世界最高级别的比赛领奖台上长期被高大健壮的欧美选手把持着，而徐莉佳手上的这块金牌也是亚洲帆船史上第一枚奥运会金牌。

　　也许你不会想到，这名突破历史的优秀运动员，天生右耳听力有缺陷，她的右耳只有普通人一半的听力，她的左眼视力也严重受损，几乎处于失明状态。"看人都是模糊的。一个耳朵听不清，带她去很多地方治过，没用的。"徐莉佳的父亲谈起这些事时，忍不住留下了眼泪。

　　这些缺陷对于一名运动员来说意味着太多常人无法想象的困难，更何况是对于帆船运动。但是徐莉佳却超越了这一看似无法逾越的障碍。

　　徐莉佳最初在体校练习的项目是游泳，在改为帆船之前，她对航海并没有任何概念。选择了帆船，也就意味着选择了危险，在12岁那年，她在练习OP级训练时遇到风浪，差点发生意外。然而在一次次征服海浪的运动中，却使徐莉佳对这个项目更加地热爱，帆船带给徐莉佳的快乐远远多于痛苦。

　　由于听力缺陷，每次教练讲话时她都必须侧耳倾听才能听得清楚。但是帆船运动是在海上，空旷的海面海风有时会疯狂地咆哮，这个时候徐莉佳就很难听清教练的口令，这给她的训练造成了很大的不便。一天，教练过来告诉徐莉佳8点下海，但是徐莉佳却听成了"包一个粽子"。这些在别人听起来有些心酸的经历却被乐观的徐莉佳当成了笑话。

　　"没什么了，这么多年都过来了，没有什么不能顶过去的。"徐莉佳面对艰辛一笑置之。

　　在训练中，徐莉佳付出了十倍于别人的努力，克服了一个又一个困难，当事业终于处于上升期时，命运又跟她开了一个玩笑。

　　那是雅典奥运会之前，徐莉佳满怀希望地为自己的首度奥运之旅备战，当时激动的心情是无法形容的。可是在一次体检中，医生却通知徐莉佳她的左膝关节里面长了一个肿瘤，并且需要开刀治疗，这意味着她需要休息半年时间。这个晴天霹雳一样的消息让年轻的徐莉佳无法接受，为什么命运如此地不公平？自己已经经受了那么多的磨难，并且一一挺了过来，为什么命运还要一次又一次地为难自己呢？这是自己的首度奥运之旅，4年才有一次，而作为一名运动员，在其运动生涯中又能有几个4年，黄金时期能有几个4年？徐莉佳想要坚持训练，因为她不想就此放弃自己的奥运梦。

　　但医院的回复让她绝望，如果徐莉佳不做手术，那个肿瘤在3个月以后就会转化为恶性肿瘤，那样的话徐莉佳面临的就不仅仅是手术，可能需要截肢。这个残酷的现实让徐莉佳只能选择放弃雅典奥运会。

谁让自己那么热爱这项运动呢？如果想要继续从事帆船运动，就必须马上接受治疗。徐莉佳很无奈地躺在病床上度过了自己的 17 岁生日。

"当时真的挺矛盾的，那个时候自己的状态不错，之前的训练也都围绕着奥运备战展开。这就好比一辆开着 200 码的车，突然踩了个急刹车。当时整个人都要崩溃了。"徐莉佳回忆说。

但通过这件事，让徐莉佳深深地体会到帆船运动对自己的意义，她知道自己已经无法离开这项运动了，在休息的日子里，徐莉佳一直想念着大海，梦想着能够早一天恢复训练，并最终重回赛场。

也许是人生自古多磨砺吧，重回赛场的徐莉佳虽然创造了一系列优秀的成绩，却再次遭遇了危机，这一次是因为自己内心的挣扎。

在北京奥运会之后，徐莉佳进入了大学学习，当她结束了轻松自在的校园生活重新恢复训练时，却发现身心俱疲，高强度的体能训练此时对她而言，竟然显得那样难以承受，这让徐莉佳感到很迷茫。

"心洗净，身康复，再与君相会。"这是徐莉佳即将出征法国时给教练和领导发的短信的部分内容。面对挑战，她第一次选择了逃避，这让所有人都感到非常吃惊，同时也很担心她，在大家的安慰、鼓励以及支持下，徐莉佳终于鼓起勇气回到了国家队，但是心态依然没有调整好，看着别人训练，自己却无法投入进去。这样的过程对于热爱大海的徐莉佳来说简直是一种煎熬，但是煎熬之后，也就是破茧重生的新旅程。

一次下海看队友比赛，徐莉佳看着看着，猛然顿悟，为什么不去展示自己呢？如果就这样放弃了，那人生岂不是白过了吗？豁然开朗

的徐莉佳重新鼓起了勇气，怀着对帆船运动的热爱以及信仰，她再次开始了训练，迈出了人生中崭新的一步。

从一名不知帆船为何物的懵懂少女到奥运会冠军，徐莉佳一路上付出了太多太多，而如今帆船运动已经融入了徐莉佳的血液中，让她再也无法割舍这份热爱。这项运动，让徐莉佳拥有了大海一般的广阔心胸与气魄，也给了她充分的自信去面对身体的缺陷，面对生活的挫折。

这两次人生经历无疑成为徐莉佳的宝贵财富，面对一次又一次的打击她没有被击倒，而是将磨难化为力量，驾驶着人生的帆船，勇于挑战自我，去征服人生的海洋，最终成为生活的强者。

我只听从那些值得我尊重的人的意见，其他的人怎么说不重要：嘎嘎小姐

    Lady Gaga（史蒂芬妮）是美国著名流行歌手，她多才多艺，既能唱又能写，《时代》周刊 2010 年将她评选为"百大最有影响的文化人物"之一，2011 年她被《福布斯》杂志评为"世界百位名人"之首，在 2010 年第 52 届格莱美颁奖典礼上她一人获得五项提名，2011 年第 53 届格莱美颁奖典礼上，Lady Gaga（史蒂芬妮）获得"最佳流行女歌手"奖。

    Lady Gaga（史蒂芬妮）是国际流行乐坛天后，也是当今娱乐界的标志性人物。她身材矮小，外表也并不出众，但是每次出场，她都会以怪异的打扮，大胆的穿着肆无忌惮地展示个性。如果在过去，"雷人""另类""多变"等名词出现在某位明星身上时，也许只能引来别人的嘲讽，但是 Lady Gaga（史蒂芬妮）却颠覆了这一切，她凭借以上名词当仁不让地成了"流行天后"，其一举一动也成为时尚界关注的焦点。

    2010 年，Lady Gaga（史蒂芬妮）出席第 52 届格莱美颁奖典礼，虽然最终没能斩获大奖，但是其"出位"的造型还是使她成为整个现场最受关注的一位明星。

    当 Lady Gaga（史蒂芬妮）踏上格莱美红地毯时，就迅速吸引了媒体的眼球。她穿着全套的阿玛尼，那是一套充满奇幻感觉的礼服，脚上是一双艺术感十足、估计有 20 厘米的高跟鞋。Lady Gaga（史蒂芬妮）

本人对自己的服装非常地满意，表示阿玛尼先生为她设计的每一套礼服都能代表自己的特点，是完美时尚的表率。

Lady Gaga（史蒂芬妮）出场表演时，她换下了那套走红地毯专用的礼服，而是改穿了一身由浅绿色金属片组成、有两个垫肩的紧身衣，她在一台古怪的钢琴旁边，优雅地唱着歌。到场下休息时又为人们展示了"翼龙"造型，头上戴着由设计师菲利普设计的奇特帽子，这样的经典造型引来了另一位天后级人物席琳·迪翁跑来抢着与之合影留念。

第53届格莱美颁奖时，Lady Gaga（史蒂芬妮）继续自己的"搞怪"路线，似乎她从来不会担心创意不足，而是一个永远能给人惊喜的人，这次果然又玩出了新花样。Lady Gaga（史蒂芬妮）在出场时并没有像其他歌手一样从红地毯上面走过去，人们甚至根本就没有看到她上场。首先出场的是四个穿着拳击短裤的健壮大汉，他们抬着一个巨大的半透明"恐龙蛋"出现在红地毯上，颇有抬花轿的风格，模特安娜走在前面，衣着上也颇有"Lady Gaga（史蒂芬妮）"风格。而 Lady Gaga（史蒂芬妮）本人，就别出心裁地隐藏在那半透明的"恐龙蛋"内，隐约可以看见戴着黑色墨镜以及黑色手套的她在向歌迷招手致意。这样的出场方式，恐怕只有 Lady Gaga（史蒂芬妮）才能想得到吧？凭借震撼全场的搞怪方式以及雄厚的实力，Lady Gaga（史蒂芬妮）最终成为本届格莱美的最大赢家。

2013年8月20日，Lady Gaga（史蒂芬妮）为新专辑做宣传，人们发现 Lady Gaga（史蒂芬妮）的形象发生了改变，过去的她给人的印象是"什么都敢穿"，此时的 Lady Gaga（史蒂芬妮）却全无过去"雷人"的感觉：一套略显保守的白色裤装，一支别致的条型腰带别在上面，其简约、时尚的设计令人眼前一亮。这一改变顿时吸引了媒体的目光，原来 Lady Gaga（史蒂芬妮）也不会一直保持同样的风格，她也会探寻一种回归，她不单单向大家展示自己性感、浮夸的一面，也向大家展示自己的品位，以简约、清爽的风格展现出一种优雅的美。不随波逐流、不停地颠覆所有人的欣赏习惯，这才是 Lady Gaga（史蒂芬妮）的时尚。

  Lady Gaga（史蒂芬妮）依靠数不清的"雷人"造型，吸引了媒体的注意力，最初自然少不了争议，有人说她是炒作，有人说她是为了出风头，有的媒体对她进行冷嘲热讽，Lady Gaga（史蒂芬妮）对此一笑而过，用好的音乐回击媒体："我只听从那些值得我尊重的人的意见，其他的人怎么说不重要。"但是不管怎样，Lady Gaga（史蒂芬妮）坚持了下来。而且更难为可贵的是，通过她的音乐我们可以了解到，无论她的那些搞怪造型是否只是一个噱头，但不可否认的是，Lady Gaga（史蒂芬妮）拥有着无可争议的实力，而这也使得那些争议逐渐烟消云散，那些"雷人"造型成为她的标志，同时也成为一种时尚。其他一些女明星也争相模仿 Lady Gaga（史蒂芬妮）的造型，越来越多的人也开始视其造型为一种艺术而不是单纯的噱头。

  Lady Gaga（史蒂芬妮）引领了一个时代的潮流，媒体因此称呼她为"麦当娜第二"，Lady Gaga（史蒂芬妮）对此并不以为然，她认为自己并没有刻意去模仿哪一位明星，甚至也不会去参考那些时尚杂志，因为跟随时尚杂志恰好说明自己已经落后于潮流，自己的那些时尚灵

感全部来自于身边的朋友，也来自于自己对流行文化的体会。但麦当娜是流行音乐的一座里程碑，被称为"麦当娜第二"也证明了 Lady Gaga（史蒂芬妮）独一无二的影响力，她为此还是很开心的，不过她也表示自己将会成为"Lady Gaga（史蒂芬妮）第一"。

Lady Gaga（史蒂芬妮）作为欧美流行乐坛最具影响力的歌手之一，以其怪异的穿着大胆地展示着自己的狂野，肆无忌惮地走在时尚的最前沿。

勇于面对困难并与所有人分享：贝蒂·福特

2011 年，美国前第一夫人贝蒂·福特逝世，享年 93 岁。福特由于水门事件而当上美国总统，而后又匆匆地下台，他并没有给美国人民留下较深的印象。反倒是他的夫人贝蒂，受到了人们的尊敬。而贝蒂为大家所敬仰的最大特点就是真诚，她真诚地对待自己以及他人。

最引人关注的是那张爬上内阁会议桌上跳舞的照片，照片反映了她的真诚、随性和豁达的性格。贝蒂从小就热爱舞蹈，与舞蹈结下了不解之缘，她师从著名的现代舞大师玛莎。福特入主白宫，但是贝蒂的舞蹈爱好依然没有被荒废。与尼克松时代的保守做法相反，贝蒂经常在白宫举行舞会，这引起了福特内阁部分人士的不满，认为她这样做会影响到丈夫福特的政治前途。

1975 年，贝蒂曾经随福特访问中国，在参观一所舞蹈学校时，她情不自禁地脱下鞋子，和中国的舞蹈学生一起赤着脚跳舞，赢得了中国人民的好感。在那次访问中，福特与中国领导人的会晤不是新闻热点，贝蒂的跳舞照片反倒成了人们津津乐道的话题。不过，还有一张比这个更为令人关注的照片，那就是贝蒂在内阁会议桌子上面跳舞的照片。这张照片被尘封多年，由于担心会损害到总统夫人的形象，被归入了总统档案。20 年之后，经福特夫妇的同意，那张照片才得以重见天日。

在贝蒂的心中，内阁桌子是国家权力的象征，是男性主义的最高体现。作为一个倡导男女平等的人，贝蒂想要爬上这个象征着男权主

义的内阁会议桌上，展示一下女性的魅力。不过，那只是一个胆怯的想法。

1977 年，福特在总统竞选中失败，准备告别白宫。在临走的那一天，贝蒂陪同丈夫去和白宫的工作人员告别，然后回到了他们的起居室中，收拾东西，准备离开。当走过空荡荡的内阁会议室时，贝蒂的内心泛起一阵潮涌，一个念头突然浮现：到内阁会议桌上跳支舞。一闪而过的想法令贝蒂大为吃惊，她也很难说清楚这个想法的动机，但有这样一种非常强烈的欲望。内阁会议桌子的诱惑实在是太大了，它代表着国家的政治权力，象征着男权主义。在内阁，所有的事情几乎都是由男性说了算，女性没有足够平等的政治权力。但是，即将离开的贝蒂，非常想要在会议桌上放肆一把，将这个象征权力的标志踩在脚下。

可是，贝蒂没有足够的勇气向丈夫提出这个请求。她慢慢地走着、思考着，一旦离开，就再也没有机会了，这样的念头不断地浮现在贝蒂的脑海中。最后，贝蒂还是鼓起勇气和白宫摄影师肯纳利说出了这个大胆的想法。令贝蒂意外的是，肯纳利稍微迟疑了一下，便迅速赞成贝蒂这个匪夷所思的想法。这个时候，贝蒂倒是没有了勇气，可是肯纳利觉得这是一个非常有趣的想法，非常有意义。于是，肯纳利反过来怂恿贝蒂，劝她说反正现在没人，错过了就再也没有机会了。

有了肯纳利的协助，贝蒂觉得确实是一个难得的机会，不容错过。最终，贵为第一夫人的贝蒂来到了会议桌旁，脱下了鞋子，站到了令人肃穆的桌子上。贝蒂的心里一阵激动，感觉这是一个非常伟大而奇妙的时刻，比以往的任何时候都更具梦幻般的感觉。在内阁会议桌上，摆放着整齐的笔记本和烟灰碟子，这些都是男权主义的缩影，让第一夫人心里躁动不已。

肯纳利适时地拿出相机拍摄下了这个宝贵的时刻。贵为第一夫人，竟然站在内阁会议桌上跳舞，真诚的贝蒂从不掩饰内心的想法。20年后，照片被公开，人们纷纷赞扬这个真诚的第一夫人，也为福特时代留下了一个值得回忆的亮点。

然而，最初让人们认识到这位第一夫人的真诚，不是这张照片，而是出于她的坦率和真诚。在平常人看来，第一夫人一定是光彩夺目，生活中到处洋溢着幸福和美好。贝蒂起初也是这么认为的，作为一个政治家的夫人，应该会活得精彩和快乐。

然而，事实却没有这么美好。和福特结婚几年后，贝蒂生下了四个小孩，这严重拖累了她的生活，使她忙得焦头烂额，生活品质的下降，让她心情低落。丈夫福特在政坛呼风唤雨，而妻子却丧失了生活的幸福和基本的权利。在这个过程中，烦琐的家庭事务束缚了她，一直热爱的舞蹈事业也渐渐荒废。对于贝蒂来说，最可怕的事情是，日益成为福特的影子，在生活中一步步走向迷失。在政坛领袖的妻子和公民两个身份之间，贝蒂开始变得苦闷、空虚和迷惘。从那个时候开始，贝蒂开始靠酒和药来排解内心的积郁。

刚刚当上第一夫人几个月，贝蒂不幸被确诊为乳腺癌。在经历短暂的思考过后，贝蒂决定公开自己的病情，让亲人放心，她勇敢地面对疾病，就这样，她真诚地吐露出自己的心声。在当时，乳腺癌的病情对于许多女性来说，是一个十分禁忌和恐怖的话题，但是贝蒂怀着

非常真诚的态度说了出来。贝蒂还把自己的手术信息和大众分享，让更多的女性接受检查，注意自身健康。贝蒂的举动具有良好的社会效果，鼓励了很多因此饱受折磨的女性同胞，而这也让她在公众面前的形象得到了提升。

作为第一夫人，贝蒂的真诚和坦率是出了名的。丈夫的共和党是非常保守的，但是贝蒂却经常公开讨论一些敏感性的问题，比如女权、堕胎、婚前性行为等。在褪去了第一夫人的光环后，贝蒂还向大众坦诚自己曾长期陷于酒瘾和药瘾中，并接受了专业的治疗，成功地克服了这些生活的阴影。

贝蒂在克服这些生活的羁绊之后，开始了另外一种人生，为让那些和她一样饱受伤害的瘾君子服务，让更多的人重新享受幸福的生活，她成立了康复中心，在致辞中，贝蒂说道：嘿，我是贝蒂，曾经是一个酒鬼。

贝蒂用真诚而坦率的态度，为美国人民树立了生活的榜样，她鼓励无数人重新走上正常的生活轨道。美国前总统乔治·布什评价道：贝蒂是一位勇敢的第一夫人，很少有人像她这样坦诚、勇敢地面对生活的不幸。有人甚至称她为近 20 年内，促进美国健康运动的“圣母”。

我不是一个喜欢冒险的人，我所走的每一步都要在自己的掌控范围之内：李莹

李莹，曾经获得"北京十大杰出青年"和"2004年度亚洲最具时尚魅力女性"的荣誉。

她不是拥有众多粉丝追捧的明星和模特，而是一位出色的创业者。她很漂亮，但并没有沉醉于自己的美貌，而是用了3年左右的时间创造了1000万元的创业神话。接着，又在上千名的竞争者中，获得了宝马在中国的代理权。她是一位掌握自己命运的现代女性，她精于商业，懂得如何规划事业，获得了人们广泛的赞许和羡慕。

在北大上学时，李莹享有"校花"的赞誉。在学校，李莹不但成绩出众，还经常主持学校的文艺演出，参加各类活动。

在师生们的心中，李莹的前途一片光明，而这仅凭美貌一项就够了。在毕业时，李莹拒绝了令人羡慕的工作机会：研究单位、日资企业和外交部门。通过五年的大学学习，她懂得事业对于女人的重要性，她热爱自由，追求独立。

就在人们的注视下，李莹摇身一变："下海"了。独立的个性追求，让她踏上了艰苦的创业之路。创业初期，资金是她最头疼的问题，一时让她无从下手。后来，李莹结识了德国医疗器械公司和卷烟厂的部门负责人，于是她成了他们在中国的代销商。创业的艰难是可想而知的，李莹一个人支撑着公司所有业务，既是老板也是员工，所有的工作都

是一个人承担。刚刚走出校门的李莹，对于这些业务一无所知，只好从头学起。特别是医疗器械，专业性相当高，销售它必须要对它有深入的认识，这样别人才能购买自己的产品。

那个时候，李莹整天和医疗器械的说明书为伴。吃饭的时候，手里抓着说明书，睡觉前，手里捧着说明书。医疗器械都是从德国进口的，产品说明书是德文的。李莹只好请来专业的德语人员帮着翻译成汉语，然后自己再来一遍遍地看，慢慢地理解。李莹知道，必须要对这些器械了如指掌，才能在推销的时候如鱼得水。光有好的产品是远远不够的，还要有销售资源，有人脉。李莹是一个普通的大学毕业生，没有关系网，对行业内的人际关系和规则也是一无所知，所以她只好从最基础的工作做起。

医疗器械最大的买家当然是医院，于是李莹试着去各大医院，和医生、专家、护士、主任打交道。平白无故地登门拜访，向人家推销产品，碰一鼻子灰是常有的事，被人另眼看待也是家常便饭了。李莹努力调整自己的状态，抱着谦虚友好的态度虚心学习。她知道，没有什么事情是容易的，都要靠自己的努力与奋斗。当然，她也非常看重每一位好心人的建议。

有一次，在协和医院，李莹像往常一样，推销着德国的产品。但协和医院并不需要李莹的心血管医疗器械。不过，那里的人告诉她阜外医院最需要这类产品，可能会看中她的产品的。这次经历让李莹认识到，不能盲目地工作，要定位准确。作为专业的医疗器械，产品的购买对象是固定的，每个医院也是不一样的。然后，她又迅速带着相关资料，按着别人的建议，到阜外医院去推广这些产品。

阜外医院的中心主任对李莹说道，阜外的供应商稳定，货源充足，并没有购买的打算。但是，李莹真诚的态度打动了那位主任，尽管他没有购买这些产品，但是提出了很好的建议。他从主任那里得知，3月北京将会举行一次心脏医疗专家会议，那时全国各地的专家学者云集，可能会是一次很好的推销机会。

李莹感觉到这将是一个绝佳的机会，十分关键。于是她迅速收集相关的会议和与会专家的详细资料。李莹明白，充足的准备是成功的保证，必须做到对潜在的合作商进行深度了解，对每一位专家信息要了然于胸。会议如期在北京召开，李莹穿梭于各个专家的驻地，同他们展开交流，洽谈合作意向。这次的会议一下子解决了销售上的难题，医疗器械迅速被各大医院订购，李莹也第一次尝到了创业的快乐。

2003年，宝马公司决定进驻中国市场，开始在全国各地挑选代理商。李莹得知这个信息后，决定参与到竞争中去。当时，李莹的百得利公司已经拥有了相当好的发展势头，经营范围广泛，运营状况良好。但她不顾众人的反对，放弃了稳定的百得利公司，决定从竞争宝马的代理权开始，再度出发。

宝马的代理审核条件是非常严苛的，李莹也做好了充足的准备。为此，李莹准备了4000平方米的汽车展示厅以候检查，而每月租金高达几十万元的场地整整空置了半年。宝马的品牌享有非常高的知名度，参与投标的经销商上千名，竞争相当地激烈。李莹明白，这是一场硬碰硬的比拼，软硬实力都要具备，因此必须要显示出自己独到的地方。

在硬件方面，李莹拥有充足的资金，4000平方米的高标准展厅，让李莹处在较前的位置。光有这些是不够的，还需要在营销策略等软实力方面展示自身价值。

李莹并没有单纯从盈利目的去考虑宝马的商业价值，而是力求从保持对宝马品牌文化的认同，围绕宝马打造社交圈，建立更加广阔的商业模式上做文章。在代理竞争游说中，李莹注重展示对宝马品牌文化的认同，突出对于宝马品牌文化的宣传和构建上，这引起了宝马公司对李莹的高度关注。李莹为了宝马的代理权，不断深化对宝马品牌的分析研究，努力寻求对宝马企业文化的理解和挖掘，形成了较强的文化理念认同。在品牌推广的展示过程中，李莹身上独特的气质也展现出了自信的风采，加上文化气质的呈现，一下子打动了宝马公司。

在最后六名的竞争中，李莹的"盈之宝"获得了宝马在中国的首家代理权，并迅速地在北京地区开业。事实上，李莹确实没有把重点放在盈利上，而是想围绕宝马，建立一个宝马车主的名流社交圈，因为这种人际资源的价值是非常巨大的，有利于李莹在整个公司资源的整合和升级。李莹是一个非常有商业眼光的人。李莹知道名流交际圈的价值，她经常组织各种文化交流等联谊活动，为更多的人打造商业交流平台。为了迎合名流圈的需要，李莹还组织圈内人士进行高尔夫球赛，而这些也让她的公司赢得了良好的口碑。

事实上，李莹不仅在商业上不断开拓，也注重生活品质的追求。她通过自身的努力，收获了更加美丽的人生。

我喜欢用失败来宣告成功，成功就是下一跳的失败：伊辛巴耶娃

伊辛巴耶娃是天才的撑杆跳运动员，是这个项目永远的传奇，她先后28次刷新室内、室外世界纪录，是第一个跳过5米的女运动员。被称为"穿裙子的布勃卡"。

在2011年的撑杆跳明星赛上，伊辛巴耶娃为我们上演了一场精彩且回味无穷的表演。

这是这位"撑杆跳女皇"在阔别赛场一年后的复出之战，虽然她才29岁，但是这个年龄在田径赛场上却是标准的"老将"，很多优秀运动员都会选择在创造一系列惊人的成绩之后急流勇退，给自己的事业画一个完美的句号，而伊辛巴耶娃的这次回归赛场是否是画蛇添足之举呢？

比赛开始了，观众席上一阵欢呼，人们太喜欢这位才貌双全的俄罗斯姑娘了，她不仅赛场上有王者之风，长得还漂亮。上场后，伊辛巴耶娃朝观众席上挥手致意，在看了前面一些选手的表现后，她早已心中有数，露出自信的微笑，首跳要了4.6米的高度，然后以人们十分熟悉的一连串动作轻轻越过了横杆，整个过程一气呵成，流畅自然，观众席轰动了，人们对伊辛巴耶娃的完美表现再次热烈欢呼。这一切都是再自然不过的，这个熟悉的场景我们已经欣赏过无数次，伊辛巴耶娃每次来到赛场似乎就是为了听那些掌声以及欢呼声的。人们也习

惯了在她越过横杆之前就伸出准备鼓掌的双手。

到第二跳的时候，伊辛巴耶娃向裁判员示意要了 4.75 米的高度，然后又是同样的助跑、撑杆、起跳，接着又是在观众的呐喊声中成功地越过了横杆。

到了第三跳的时候了，大家都屏住了呼吸，伊辛巴耶娃是有名的三跳夺冠，也就是说她基本上每次都是在第三次跳过横杆后就把金牌拿到了手，所以常常给对手造成巨大的心理压力。这一次是否会续写过去的传奇呢？观众们不敢再呐喊欢呼，而是屏住了呼吸，生怕一不小心影响到伊辛巴耶娃的发挥。

这一次是 4.85 米的高度，身轻如燕的伊辛巴耶娃果然不负众望，以十分完美的动作第三次越过了横杆，当她落地的一刹那，整个赛场沸腾了，所有观众起立鼓掌，这一次大家可以使劲欢呼了，为那完美的技术，也为这位传奇的优秀运动员。伊辛巴耶娃保持了自己三跳夺冠的传奇，金牌已经稳稳到手了。

金牌到手的伊辛巴耶娃却仍然没有离去，她要再跳一次，她要跳过 5.01 米的高度。但是这同时意味着，如果她跳不过去，将会给自己的复出之战留下遗憾，毕竟三跳夺冠是那么的完美。

伊辛巴耶娃准备好了，她再次露出了那迷人的微笑，经过助跑、撑杆、起跳，她已经飞到横杆之上，一个新的世界纪录也许即将被创造，可就在大家准备起立鼓掌时，大家发现随着她的落地，横杆也随之掉了下来。观众为伊辛巴耶娃感到遗憾，觉得她最后不应该画蛇添足。伊辛巴耶娃却面不改色，微笑着离开了赛场。

在接受记者采访时，不可避免地被问到了关于最后一跳的问题，记者问她是否感到遗憾，伊辛巴耶娃笑着说出了自己的答案："我喜欢用失败来宣告成功，成功就是下一跳的失败！"

年纪还很轻的伊辛巴耶娃就已经懂得了勇于进取的珍贵，她知道什么比面子上的荣耀更珍贵。

伊辛巴耶娃就是这样一名充满个性的运动员，她吸引大家的不仅仅是惊人的成绩与动人的外表，她在赛场上表现出的风范也征服了很多粉丝。伊辛巴耶娃的一举一动都显得特别地与众不同，比如她在每次比赛之前必须带着被子，在比赛的间隙会钻进大被子里去。在北京奥运会上，从被子里出来后的伊辛巴耶娃如有神助，成功地打破了自己的纪录。当然，关于她的那些传说最为人称道的还是"一厘米一厘米破纪录"的故事。

伊辛巴耶娃是体坛的"破纪录专业户"。在2003年她以4.82米的成绩打破世界纪录之后就一发不可收拾，连续创造世界纪录，当然过去是破别人的纪录，后来就变成自己改写自己的纪录。伊辛巴耶娃与其他运动员有一个显著的不同，别人创造的纪录往往在多年后才能被再次打破，或者几十年根本无人刷新。而伊辛巴耶娃则是屡屡刷新自己创造的纪录，但她不会大幅度提高成绩，而是一厘米一厘米地去改写世界纪录。

在雅典奥运会上，伊辛巴耶娃以4.91米的成绩夺得金牌并打破了自己保持的世界室外纪录。仅仅过去10天，她又将世界纪录改为4.92米，仅比原纪录高出1厘米。如果你认为这是伊辛巴耶娃当时的最高

水平那就大错特错了，虽然 4.92 米的成绩足以震撼她的同行，但伊辛巴耶娃本人却对这个成绩不以为意，因为在训练时她越过了 5 米的横杆。后来她果然"有恃无恐"地接连三次打破世界纪录。

伊辛巴耶娃为什么每次不尽全力冲击世界纪录，而是给自己下一次比赛留有余地呢？"我会一厘米一厘米地创造更多的纪录，因为我现在并不富有。"不知她说这句话时是否是以很认真的态度来说的，但是伊辛巴耶娃每次打破纪录之后，国际田联都会奖励她一笔为数不少的奖金，比如在伯明翰室内大奖赛中她获得的奖金就有 17 万美元。如果伊辛巴耶娃每一次比赛都拼尽全力，那么她就无法频繁地打破世界纪录。

在伯明翰打破世界纪录之后，英国媒体评论说伊辛巴耶娃把破纪录当作印钞机。无论她是否真的是为了奖金而这么做，都丝毫不影响她在粉丝心中的形象，她频繁地改写纪录的霸气表现为她加了很多分。而且还有一个重要原因导致她每次给自己留有余地，那就是自己故意让自己成为一个传奇，当年的跳远天才比蒙一战成名，1968 年就跳出了"21 世纪的成绩"，但由于再无惊人表现而被人们淡忘，伊辛巴耶娃曾经表示自己不想成为比蒙，她就是要频繁地出现在人们的视野里，要人们永远记住自己。

"只有天空才是我的极限。"伊辛巴耶娃豪情万丈。

就是有了那些让人瞠目结舌的表现，伊辛巴耶娃才成为伊辛巴耶娃。

女人要有激情：

等来的只是命运，拼出来的才是人生

如果你热爱你的工作，一抹眼皮就会睡意全消：凯蒂·库里克

凯蒂·库里克被认为是美国的"新闻界打工皇后"，年薪高达1500万美元，是世界上收入最高的新闻女主播。凯蒂·库里克，在美国家喻户晓，她的一切，比如发型、语言和服装，都会成为人们津津乐道的话题。

大学毕业后，凯蒂来到了 ABC 和 CNN 做新闻助理的工作，这份工作和主播没有什么瓜葛。最初，她兢兢业业地做着编辑的工作，认真刻苦，给人们留下了很好的印象，表现出了很强的职业能力。有一次，一位女主播因为突发情况无法按时直播，让整个节目陷入了一片混乱。由于事情的突发性，使得节目组没有任何准备，大家陷入了一筹莫展的状态。就在人们焦急的时候，凯蒂主动请缨，表示自己可以代为出镜一次。凯蒂的要求让节目组大为吃惊，因为她只是一个编辑，没有任何主播的经验。然而，随着时间的推移，直播马上就要开始，一切都已经来不及了，节目组只好让凯蒂临时顶替一下。虽然凯蒂有着充分的自信，但是由于缺乏经验，最终的播出效果相当地糟糕。更让凯蒂意外的是，这次的临时顶替居然被直播了。CNN 的总裁看到凯蒂糟糕的表现之后，立即打电话给节目的制片人，要求辞退这个稚嫩的家伙。然而，经过了这次事件之后，凯蒂突然发现自己在新闻这方面具有非常大的潜力，而经验是可以锻炼出来的。

凯蒂的主动请缨尽管没有收到好的效果，但是坚定了她努力要往新闻主播方向发展的信心。1984 年，凯蒂加入了全国广播公司（NBC），正式开始了自己的新闻主播生涯。不过,她先从记者做起,慢慢地累积新闻直播的经验,一步步地朝着梦想的方向前进。渐渐地,凯蒂的能力被不断发掘,并担任了五角大楼的通讯员。

凯蒂是一个非常幸运的人,能够抓住各种机会。有一次,五角大楼的首席记者被派往外地执行特殊的采访任务,凯蒂被推荐担任五角大楼现场直播,这给了凯蒂非常好的展示机会。在五角大楼工作期间,凯蒂不但注重新闻的采集,还同各种人物打交道,积累了广泛的人际资源,为以后的工作打下了坚实的基础。

1991 年,海湾战争爆发,由于凯蒂提前预测到了这个信息,因此掌握了新闻的主导权。事实上,凯蒂并没有异于常人的本领,是一个在五角大楼工作的朋友暗示给她的信息,让她一下子在整个事件的新闻战中处在了有利的位置。不仅如此,凯蒂还主动请缨奔赴海湾战争的现场,掌握了第一手的战争信息资源。当人们打开电视时,看到一位年轻的女性穿梭在战火纷飞的现场为大家提供最真实的信息时,无一不为之动容。在战火中,凯蒂磨练了自己,一下子成长了很多,也拥有了更加丰富的职业经验。

随后,NBC 广播公司认识到了凯蒂身上的潜力,为她提供了《今日》主播的工作岗位。凯蒂十分注重学习,不断塑造更加鲜明的风格,提升自己的职业素养。慢慢地,凯蒂成为了《今日》的"顶梁柱"。《今日》曾经有过辉煌的历史,但在凯蒂接手时已经陷入低谷。由于凯蒂自身散发出的青春气息和《今日》的风格完美对接,使得节目的收视率一路攀升。凯蒂因此成为"《今日》俏佳人"。

凯蒂用自己灵活多变的采访能力重新塑造了《今日》的辉煌。

1993 年，凯蒂应邀出席白宫 200 周年庆典。对凯蒂来讲，作为一个新闻人，这是一次绝佳的采访机会。因为在周年庆典上，政治大腕云集，采访资源丰富。凯蒂的人际圈子为她的采访迎来了绝佳的机会。在庆典上，第一夫人芭芭拉给凯蒂当起了导游，让她的采访更加地游刃有余。凯蒂珍惜每一个采访机会，并且不断寻找新的采访点。

凯蒂是一个非常善于抓住机遇的人。第一夫人的陪伴让她的采访也变得更加的顺利，当老布什出现在她的面前时，拥有敏锐眼光的凯蒂立刻意识到这是一伟大的机会，果断出击，对老布什提出了采访要求。如果在平时，凯蒂是没有机会遇到老布什的，更不可能得到老布什接受采访的应允。但是，看到凯蒂和夫人芭芭拉关系密切，老布什当然会给夫人的朋友一个面子。就这样，凯蒂拥有了一次非常顺利的采访他的机会。对于采访老布什这样的政治大腕，民众是非常关注的，采访的内容更是十分的关键，要更加深刻，贴合民众的需求。经历过枪林弹雨的凯蒂，对于各种突发事件都能够做到临危不乱，时刻保持清醒的头脑。

那个时候，"伊朗门事件"是美国民众关注的中心，也是非常敏感的政治问题。凯蒂倒是没有顾及芭芭拉的面子，她抓住了这次难得的机会，对老布什进行了长达 20 分钟的深度独家采访，提出了很多尖锐敏感的问题，包括"伊朗门事件。"

节目一经播出，引起了巨大的轰动，凯蒂也因此名声大噪。此后，凯蒂的《今日》栏目成为了第一夫人的首选，希拉里、劳拉在成为第一夫人后都接受过凯蒂的采访。后来，凯蒂采访黑人大法官托马斯、州议员杜克的时候，都提出了很多尖锐而深刻的问题，保证了新闻采访的热点，创造了《今日》栏目的辉煌。

我很开心，因为我给了自己想要的一切：索菲娅·维加拉

2014 年《福布斯》富豪榜显示，女演员索菲娅·维加拉以 3700 万美元的总收入成为了年度吸金能力最强的电视演员。这位依靠《摩登家庭》一剧享誉世界的女演员，不仅在表演事业上取得了丰硕的成果，在商业领域也颇有建树。而所有的这一切，都要归功于维加拉独立的性格。

1995 年，刚刚 24 岁的维加拉从哥伦比亚来到美国，开始自己的演艺之路。起初，维加拉在 Univision 电视台主持一档《奇异风情》的旅游节目，这时，她的事业并没有太大的气色。经过一段时间的打拼之后，维加拉发现了一个问题：在美国，拉丁裔的演艺明星很多，这些人经常苦于因没有经纪人协助打理日常事务，而使其事业发展面临严重困难的局面。维加拉也面临着同样的问题。那个时候，维加拉试图寻找一位经纪人帮助自己打理日常的工作，但是没有合适的渠道。在寻找合适的经纪人无果的情况下，维加拉无奈地雇用了一位年轻的实习生，没想到竟一下子解决了工作中存在的问题。

有着独立精神的维加拉敏锐地意识到其中的潜力，她觉得可以对此进行商业开发。但由于时间和精力的限制，维加拉需要寻找一位合作人，恰在此时，巴拉格尔走进了她的视野。巴拉格尔说道，在长期的工作过程中，他发现很多拉丁裔明星需要经纪人的协助才能更好地完成工作。而且，对于合约的签订，拉丁裔的明星由于有语言上的障碍，

会遇到很多问题，而这大大限制了他们的发展。明星的专业水平有限，对于复杂的合约条款无法弄得很清楚。而巴拉格尔是一位经验丰富的明星经纪人，经常为明星服务，因此，两人一拍即合。

1998 年，维加拉正式创立了拉丁世界娱乐公司，旨在为更多的拉丁裔明星服务。公司主要的业务从最初的明星经纪发展到营销、产品和授权许可等。维加拉的主要市场目标对象是拉丁裔明星，因此在拉丁世界具有非常高的影响力。在多年的工作中，维加拉和她的团队不断推出拉丁裔演艺明星，其中涌现出的有布隆代、福恩特等人。这种巨大的影响力也为维加拉带来了更多的经济回报，在 2011 年，拉丁世界娱乐公司的年收入达到了 2700 万美元，利润率非常高。维加拉还利用自己在拉丁世界的影响力，为试图进驻拉丁世界的企业和产品代言，这同样获得了丰厚的回报。

维加拉是一个经济独立，有着很高智慧的女性。她在演艺事业不断发展的同时，在商业上和个人品牌的建设上也取得了骄人的成绩。其倡导的独立女性精神在美国更是广为流传，维加拉的公司成为了美国连接拉丁世界的桥梁，助推了拉丁文化在美国的火爆。

维加拉独立的商业运作能力还体现在其他方面，她在服装、化妆品以及家具等领域都有更深的拓展。她的头脑十分灵活，最近又推出了一款个人品牌的香水：Sofia。在很多商业模式中，企业利用明星的影响力，打造专属的产品。在这种情况中，明星只是一个噱头，并没有直接参与到产品的建设中去。但维加拉是一个独立能力很强的人，她没有选择代工的生产方式，而是选择亲力亲为。维加拉和香水公司以及设计师签订战略合作协议，保证了自己对产品创意构想的权利，并在其中加入更多个人的元素。对于香水瓶的外形上，维加拉挑选了一颗精心打磨的粉色宝石，以提升产品的审美品位。对于香水的味道，维加拉选择了一种柔和而舒适的味道，让人在嗅觉上充分享受而不腻。

在哥伦比亚，兰花和玫瑰是非常著名的花卉，也是维加拉个人十分钟爱的花卉。维加拉说道，在产品中融入更多的个人元素和家乡特色是她的主要构想，她要让自己的香水具有鲜明的特征，让人爱不释手。合作伙伴没有想到维加拉会深入到产品生产的每一个环节中去，并试图在整个香水中融入更多个人的特色，这实在是一件难能可贵的事情。而且，在香水制作过程中，维加拉不仅发表自己的观点，同时也尊重产品专家的建议。

现在，维加拉又把自己在服装品牌的独到看法付诸于实践，她打造了一整套产品生产线。维加拉说道，作为一个女性，她在衣着上有着独特的审美观，更能理解女性对于服装的需求。维加拉与她的团队一起，设计出了让女性看上去更加可爱、舒适、性感的产品。维加拉平时所穿的衣服，大部分都出自她自己的设计，她努力贴合最新的时尚发展潮流，希望能让自己变得更加美丽。维加拉不仅为女性设计出花样繁多的衣服，也努力照顾到更多爱美的女性。她的服装因质优、价廉、时尚而使更多女性有了绽放美丽的机会。

《福布斯》对于维加拉是这样评论的：维加拉从拉美电视领域到好莱坞，从演艺事业到商业开发，无不证明了她是新时代独立女性的代表。

享受工作的过程，并不觉得苦和累：梅丽尔·斯特里普

梅丽尔·斯特里普是美国好莱坞著名女演员，她的演技炉火纯青，能完美演绎性格截然不同的角色。她分别凭借《猎鹿人》《克莱默夫妇》《改编剧本》三度入围奥斯卡最佳女配角奖，其中《克莱默夫妇》一片获得大奖。她还创纪录地十五次入围最佳女主角奖，并最终凭借《苏菲的选择》以及《铁娘子》斩获大奖。她是一位看过其作品就没有办法被忘记的演技派明星。

在美女如云的好莱坞，梅丽尔·斯特里普的外貌实在是很平凡，即使在她成名以后，还是有人说她"长得太可怕了"。她一度很讨厌自己的鼻子。虽然在大学时代她就参与舞台剧演出，但是从来没有想过自己会成为一名演员，更不要说是明星。她认为自己"长得太丑，没资格成为演员"。即使在成为演员以后，斯特里普也曾经对自己的外表耿耿于怀，在拍摄《走出非洲》时，听说导演觉得她"不够性感"，为了拿到这个角色，斯特里普特意穿了一件低胸装去见导演，在成功获得角色的同时她却被告知是因为她"头脑的质量"才给了她那个角色，这使得斯特里普恍然大悟：只有通过不断的努力，让自己的演技越来越高才是最重要的，容貌并不是一个演员的全部。于是，我们见识到了一个不靠脸而是靠勤奋叱咤风云的伟大演员。

1979 年，梅丽尔·斯特里普参加了经典影片《克莱默夫妇》的拍摄，并凭借这部电影中的角色拿下奥斯卡最佳女配角奖。在电影拍摄过程中，斯特里普让整个剧组见识到了她的勤奋。

虽然是影片的女一号，斯特里普在影片中的戏并不多，一共只有有数的几场戏，她也并非本片的编剧，但是却对剧本内容非常感兴趣。既然参加了演出，那么就要有极致的表演，而极致的表演也需要极致的剧情。斯特里普见到这个剧本之后，第一印象就是故事情节太假，她要求修改剧本。这下可把导演和编剧气坏了，因为斯特里普还不仅仅是要求改几处细节那么简单，她是三番五次地要求修改，一会儿觉得这个地方应该删掉，一会儿觉得那个地方应该再添加一点对白，即使没有得到修改的许可，她也有办法，在拍摄时她经常现场发挥，表演剧本上根本没有的剧情，比如影片结尾在法庭上充满真情的一番告白就是她的即兴创作。好在与她合作的男主角是美国四大演技之神之一的达斯汀·霍夫曼，这名演员的特色也是喜欢现场发挥，两个演员演着演着就会随性发挥，但是随性发挥的表演的确使人惊叹，我们今天看到的《克莱默夫妇》中的很多情节都是这么随性发挥出来的。

霍尔曼与斯特里普的最初合作也并非那么愉快，两个人都那么地有个性。而斯特里普精益求精的精神有时候让霍夫曼也无法容忍，她总是一遍又一遍地拍每一个镜头，力求达到最佳效果。其中有一个镜头已经拍了几十遍，导演认为已经很完美了，觉得可以过了，但是斯特里普却觉得还有挖掘的空间，应该再拍几遍。这一下，与她演对手戏的霍夫曼实在是有些"崩溃"了，在当时已经是大牌演员的他岂能听凭一位不温不火的女演员"摆布"？于是他一时勃然大怒，拿起一

个杯子就朝斯特里普扔了过去，把在场的工作人员全都吓出了一身冷汗，好在最后杯子没有击中她，而是砸在了她身后的墙上。

面对这样的局面，斯特里普并没有哭泣或者愤怒，而是一边用手弄掉头发里的玻璃渣子一边继续向大家解释为什么要重拍一遍。以及自己对剧情的理解。这样的行为让所有人敬佩不已，包括刚才还一脸怒气的霍夫曼。霍夫曼后来与斯特里普也成了好朋友，他评价说：从没见过这样"玩命"的女人，虽然总是和她吵架，但同时又很尊重她，因为她太有说服力。值得一提的是，斯特里普与现在的丈夫的婚姻就是霍夫曼介绍的。

正是斯特里普这样的工作态度才为我们奉献了那部催人泪下的《克莱默夫妇》。

如今斯特里普已经青春不再。而63岁的她在影片《铁娘子》的拍摄中依然不改"拼命三郎"的精神。

《铁娘子》是一部英国前首相撒切尔夫人的传记片，当该片的导演决定由斯特里普出任女主角时，便引起了轩然大波，英国媒体表示质疑，有一些人甚至专门成立了网站反对美国人扮演英国首相，而梅丽尔作为一位美国人想要成功演绎英国名人，也的确有一定难度，所以当导演拿着剧本找上门来时，她也犹豫了很久。但是导演相信凭斯特里普的经验完全可以驾驭这样的角色，在导演的劝说下，最终斯特里普放下了顾虑：既然英国的演员可以演好美国总统林肯，那么我为什么不能演好英国首相呢？而自己作为一个外国人也许恰好可以通过前所未有的视角来看待这个英国的传奇女性，于是斯特里普全身心地投入到影片的拍摄中。

影片正式开拍前，斯特里普对撒切尔夫人了解并不多，所以案头研究是必不可少的。为了体验生活，斯特里普把自己封闭起来，甚至每天的食物都要放在房间的门口；造访撒切尔夫人的出生地；花很长时间大量阅读有关撒切尔夫人的资料；研究撒切尔夫人的视频和录音，模仿其嗓音甚至口型，学习伦敦方言；学习撒切尔夫人拿手提包的方式，揣摩她那种内在的神韵；同时她还去拜访那些曾经与撒切尔夫人有过接触的人们，但很遗憾没能见到撒切尔夫人本人，不过她见到了撒切尔夫人的女儿。

斯特里普与他们交谈，询问撒切尔夫人的一举一动，就是这样的认真态度使得斯特里普挖掘到了很多别人注意不到的细节，比如撒切尔夫人担任首相期间从来没做过饭这样的小细节，看似不起眼的小细节却能体现一个人的性格特征，捕捉到这些就可以塑造出一个鲜活的形象。时间一长，撒切尔夫人的音容笑貌都印在了她的脑海中，斯特里普已经是另一种口音，另一种形象了。

电影开拍后，斯特里普在下议院发表演讲的一场戏中，让她找到了感觉：那些和自己演对手戏的英国演员觉得自己是外人，而当年撒切尔夫人又何尝不是被男人占统治地位的政坛视为外人呢？

由于电影的预算不是那么多，所以每天的工作量非常大，没有太多的休息时间，而斯特里普又是其中最累的一个。该片导演觉得斯特里普是最努力的演员，认为这已不仅仅是一次单纯的模仿，斯特里普简直就是撒切尔夫人的化身。

虽然影片上映后各界褒贬不一，但是斯特里普的演技却得到了众口一词的赞美。

勤奋是梅丽尔·斯特里普的代名词，而她自己也认为，自己与自己所扮演的撒切尔夫人最相似的地方就是"勤奋"。

"我享受这个过程，并不觉得苦和累。"斯特里普这样说。

请不要为我盖上墓碑：嘉柏丽尔 · 香奈儿

她是法国先锋时装设计师，曾被《时代周刊》评选为"20世纪影响最大的100人"之一，她就是香奈儿品牌的创始人嘉柏丽尔·可可·香奈儿。

香奈儿聪明大胆，敢于突破传统，其设计风格就像她本人的私生活一样，处处与传统唱反调，简洁女帽、肩背式皮包、黑色小洋装，努力解放女性的身体，同时勇敢地打破女性什么时候就该穿什么样衣服的观念，开创了一个时尚的时代，她的事业如日中天。

二战之后初期，复古风格的迪奥崛起并有取而代之的趋势，而崇尚简约的香奈儿却并不这样看，她觉得迪奥束缚女性身体自由舒展，总会有被人们厌倦的一天。而在香奈儿已经70岁高龄时，她正式决定复出江湖，东山再起。

香奈儿长期居住在巴黎里兹酒店，每天很早就起床，草草一顿简单的早餐后，就充满激情地投入工作。她雄心勃勃，自信满满，一定要让世人见识到香奈儿风格才是永久的经典。她脖子上挂着裁剪刀，身上总是散发着那以她名字命名的著名的五号香水味道，对手中每一件作品都精雕细琢，精益求精。由于患有关节炎，手指时时会被针刺破，她并不急于包扎，继续忘我地工作，工作就是香奈儿的信仰，或者说就是香奈儿的化身。

她整日忙忙碌碌，这样的生活一直持续到新装发布会前夜，香奈

儿这里审视一下，那里再裁剪一下，生怕哪个部位留有瑕疵，一个完美主义者。一直在劳累的香奈儿终于觉得自己的作品已经接近完美，她轻轻地躺在地板上，可以休息一会了。心情却久久无法平静，有着抑制不住的兴奋，只有舒适的风格才会彰显女性的优雅，香奈儿对此深信不疑。

1954 年 2 月 5 日，新装发布会正式在康蓬街香奈儿专卖店开始了，整个现场座无虚席，到处闪烁着权威媒体的闪光灯，香奈儿虽然已经 71 岁了，风韵犹存，依旧身着针织外套与裙装，手指夹着已经成为符号的香烟，一副傲视天下的姿态。

可是慢慢地，香奈儿出现了还是在出道时才有过的紧张感，因为她隐隐觉得，现场气氛并不如她预想的那样热烈，从头到尾没有出现她一直期待的热情掌声，角落里似乎有向她投来冷嘲热讽的目光，那些过去一直对香奈儿从来不吝溢美之词的各路媒体，此时却集体沉默，这让性格倔强，有棱有角的香奈儿很不习惯。

时尚权威弗朗索瓦对香奈儿复出之作的评价是"令人失望"，并且称呼她为"妄自尊大的黑色背影"，算是给发布会做了一个残酷的总结。无疑，这番话深深地伤了香奈儿的心，以至于多年以后依然无法释怀，不愿意原谅弗朗索瓦。

也许，香奈儿真的已经不是大家的宠儿，也许，一个 71 岁的老太婆真的无法引导年轻人的审美心理？香奈儿一度叹息着。

但如果说香奈儿会就此放弃，那就是不了解她那闪光的个性，自行其是是她的标签，她说到做到，不达目的决不罢休，就像自己当年立志要从底层一路杀到上流社会一样。无情的批评并不是第一次遇到，当年香奈儿在剧院看戏，突发灵感要让所有女性都穿黑衣服，而那时黑衣服只能做丧服穿，人们对她冷嘲热讽，四五年以后，她做到了，巴黎女性对她做的黑连衣裙趋之若鹜。

她开始从以前的一些艺术创意中寻求灵感，给予人造珠宝一些艺术的气息，她设计的织布别针发饰上都会有花朵图案，项链、胸针、纽扣上都有她的星座狮子座的体现。

失之东隅，收之桑榆，在法国人对香奈儿的复出作品不感冒时，美国时尚界却对此报以难以想象的反响，他们称她这一次回归为一场革命，高度评价这些时装上面所体现的华贵气质，格蕾丝凯利、珍妮西摩尔这些明星都对她的设计叹为观止，整个美利坚时尚界弥漫着香奈儿的味道。

香奈儿在美国得到了应有的回报，获得美国的时尚奥斯卡大奖，并被称为"50年来最伟大的设计师。"对她的这些肯定使得香奈儿对继续工作下去抱有信心。

之后香奈儿继续忙碌着，继续为完美展现女性魅力挥洒着激情，直到1971年。一次时装发布会即将来临的时候，已经88岁仍然像年轻人一样工作到很晚的香奈儿，凌晨没有再次醒来，结束了她那充满传奇的一生。

香奈儿一生虽然感情经历丰富，其中不乏自己的真爱，但是最终却放弃了对婚姻的追求，真的做到了终身未嫁，与自己的事业结为终身伴侣。一生追求经济独立、女性自由的她，所设计的服装款式无不

透露这样的气质，追求舒适、简约，在她那把裁剪刀之下，那一件件女装已不再仅仅是一件件普通衣服，而是一件件艺术品，香奈儿以工作为信仰，灵感来源于生活，来源于情感，对那些服装倾注了自己的全部感情，可以说，那穿戴在时尚女性身上的种种美学经典服装上面，有着香奈儿对人性的洞悉，她太清楚自己想要什么，也太清楚所有的女性想要什么，这才使得这一品牌经久不衰，一直走在潮流尖端，至今仍是时尚界的宠儿。

法国著名作家马尔罗曾经说法国20世纪有三个名字将会永垂不朽，他们是戴高乐、毕加索，还有香奈儿。

人生永远没有太迟：摩西奶奶

我们在生活中经常听到一些年轻人在叹息："唉，我也想做一番事业，可是已经太迟。"但如果听说过摩西奶奶的故事，相信就会有很多人为自己说过的这句话感到汗颜。摩西奶奶将"大器晚成"这个词做了最好的诠释。

摩西奶奶本名叫安娜·玛丽·摩西，生于美国一个农场的贫穷家庭。她的前半生或者更准确地说是"大半辈子"都平淡无奇，她嫁给了一个农场工人，生了一堆孩子，每天所做的无非是擦地板、挤牛奶这样的粗活，和其他农妇别无二致，平时也做一些刺绣工作。这样平凡的生活一直持续到了 76 岁，摩西奶奶得了关节炎，那之后，她只得放弃农活。至少在这个时候，我们从这双饱经风霜的手上还看不出有什么艺术家的气质。

如果不是因为关节炎，摩西奶奶也许这辈子会一直在枯燥无味的琐事中生活直到去世，但是人生从来都有太多的偶然。

在家里闲来无事，总要找一些自己喜欢的事做，摩西奶奶发现自己很喜欢美术，于是下决心在 76 岁高龄的时候从零开始，试着绘画。

这需要莫大的勇气。在这灵光一闪之前，摩西奶奶的双手还是一双干农活的手，从来没有拿过画笔，她甚至几乎没有出过远门，毕生待在家乡。但是摩西奶奶才不管那些事，已经没有功夫犹豫纠结，做自己喜欢做的事，一切就是这么简单。摩西奶奶握起了画笔，在 76 岁

时开始画人生的第一幅画。

摩西奶奶就这样一张接一张地画着，从没想过名与利，她只是用这样一种自己感兴趣的事情消磨时间而已。她从76岁拿起画笔到101岁去世，一共为我们留下了1600幅画作，其中有6幅作品是100岁之后创作的。摩西奶奶在没有受过任何专业训练的情况下，能有这样惊人的产量凭的就是对艺术的热爱以及对生活的热爱。她毕生生活在农场中，她最为熟悉的农场生活也就成了她笔下的创作题材，这其中一部分是对童年时的回忆，其中有伤感的怀旧，有欢快的记忆，她的作品能够捕捉到很细微的东西，在她的画笔下，人与自然和谐相处，其明快的手法以及大胆的色彩使其作品别具一格。

一天，她的女儿把她的画带到了一个杂货铺里，然后它就一直被挂在那里的墙上。后来，一个在此经过的艺术收藏家偶然发现了这张画作，对此很感兴趣，付钱买了下来，并把摩西奶奶的画作带到了纽约的画廊，通过画商被介绍到了艺术界，艺术界开始注意到了这位民间高龄画家的存在。

80岁的摩西奶奶在纽约举办了个人画展，引起了巨大轰动，她的画成了艺术市场的抢手货，她也因为自己的画多次获奖。此时的摩西奶奶，已经不再仅仅是一个"民间艺人"，她已经成为闻名世界的风俗画画家。而即使在这个时候，摩西奶奶也说不出自己的绘画是受了美术界哪一流派的影响。

1960年，日本的一个叫春水上行的年轻人，给自己仰慕已久的摩西奶奶写了一封信，因为他一直做着"作家梦"，可是已经快30岁了，却一直在医院当一名外科大夫。他内心深处很讨厌这份工作，想放弃它从事写作，却又舍不得这份工作带来的稳定收入，因此很纠结，不知道如何是好，所以希望摩西奶奶给予他指点。当时摩西奶奶已经100岁了，看到这封与以往那些只是赞美自己的才能或向自己索要作品不同的来信，摩西奶奶立刻来了兴趣，她很愿意给年轻人一些有益的建议。于是，她提笔给这位年轻人回复道："哪怕你已经80岁，去做你喜欢做的事，上帝也会为你打开成功的大门的。"她还在寄给春水上行的明信片上画了一座谷仓。这封回信深深地影响了这位年轻人，他毅然决然地辞掉了工作，专心于写作，他就是日本著名作家渡边淳一，也许正是摩西奶奶的鼓励促成了一位大作家的诞生。

摩西奶奶说任何年龄的人都可以作画，我们可以理解为无论什么时候都来得及去追寻自己的梦想，并没有谁去规定哪些事必须在哪个年龄段才可以做，如果真心喜欢一件事，就不要在乎年龄以及其他一切外在因素，在一个有追求的人的眼中，这些都不是羁绊。当然，这其中存在一个天赋的问题，但是即使最终没有取得多大成就，至少曾经努力过，摩西奶奶在画第一张画时，一定不是抱着"艺术"的心态去作画，那只是她的生活而已，她用她热爱生活，充满灵感的心去画她想画的东西。

所以说，去做自己想做的事吧，别在乎自己的年龄。

有朝一日能站在家乡的舞台上，观众们朝自己热烈地鼓掌：英格丽·褒曼

英格丽·褒曼是瑞典著名电影演员，以其精湛的演技以及迷人的气质扬名世界，她主演的《卡萨布兰卡》至今仍是影迷心中的爱情经典。她一生获得两次奥斯卡最佳女主角奖，1973 年担任戛纳国际电影节评审团主席。晚年凭借经典影片《东方快车谋杀案》中一个只有四分钟戏的小配角再一次获得奥斯卡最佳女配角奖。1999 年英格丽·褒曼被美国电影学会选为"百年最伟大女演员"第 4 名。

英格丽·褒曼引领了一代人的时尚潮流，她在银幕上剪短发，在银幕上素颜，都会引起影迷争相模仿。"昨天我竟然看了一部没有英格丽·褒曼的电影。"这是 20 世纪 40 年代好莱坞的流行语，也是对褒曼辉煌事业的最高评价。

褒曼的童年是十分孤寂的，腼腆的小褒曼不得不自己和自己玩，当时的她自然想不到自己当时的举动已经具有"表演"的性质，"不是我选择了表演，而是表演选择了我。"褒曼回忆童年往事时这样说。

从小就有强烈表演欲望的褒曼高中毕业后自然对瑞典皇家戏剧学院产生了浓厚的兴趣，那一年她只有 18 岁。1933 年的一个早晨，英格丽·褒曼踏上了去参加瑞典皇家学院考试的路。她早已知道怀揣梦想前来考试的人众多，所以不免忐忑不安、忧心忡忡，自己的命运将会在这个和平常没多大区别的早晨被决定：一旦没有被录取，那么毫无疑问，自己就不可以去从事喜欢的表演事业。之前褒曼已经对家人做了保证。虽然知道希望不大，但是自己认准的事，一定要去试一试，这就是褒曼的个性。

褒曼有着北欧人特有的高挑身材，外表美丽端庄，在考场上，褒曼是第16个出场，她看到之前的15个人都使出浑身解数，完完整整地表演了自己的节目。轮到她上场了，褒曼深吸一口气，觉得世界是那样的安静，仿佛只有自己一样，她完全进入了表演状态。她走进了考场。她站到台口，放声大笑，想凭借这个独特的出场方式先让评委们安静，然后再让他们认真地欣赏一下自己的拿手节目。

褒曼开始念台词了，一边念一边用余光悄悄地观察那些评委，当她看到评委们都是一副漫不经心的样子，他们在聊天、说笑，压根就没有注意到她的存在，褒曼心里有点慌了。当评委们已经开始交头接耳甚至比比画画时，褒曼觉得有点儿泄气，她大脑变得一片空白，简直不知道自己正在做什么，甚至差点想不起台词来，但是表演仍然在继续，她要坚持到最后，这时从评委那里传出一个声音制止了她："停下，停下，够了，这位小姐。下一个可以出场了！"什么？自己表演还没有结束就被轰下了场？这不明显是被淘汰了吗？褒曼垂头丧气地走出了考场。

褒曼一时难以接受这个现实，但是又无可奈何，只能步履匆匆地回到了家。而让褒曼感到意外的是，第二天她竟然收到了瑞典皇家戏剧学院的录取通知书，从此开始在戏剧学院学习表演艺术。对于考试

时为何得到如此待遇，多年后其中的一位评委给了褒曼答案，原来一切只是一个误会，那天褒曼一出场，所有的评委都顿时眼前一亮，他们从褒曼身上看出了她会成为一位伟大演员的潜力，他们觉得褒曼的气质棒极了，所以不想再浪费时间看什么表演了，可以说褒曼在上台的一瞬间就凭借她那独有的气势征服了评委。他们窃窃私语的内容其实就是褒曼。整个过程是那样戏剧化，褒曼的人生也的确就是一出精彩的戏剧。

褒曼的确是那样的与众不同，那种独特的个性可以使别人在万人之中一眼就看见她，这种与众不同的气质伴随了她一生。

英格丽·褒曼一生中多次塑造过法国民族英雄贞德的形象，先后拍过有关贞德的舞台剧以及电影，她可以用五种语言扮演这个角色。褒曼为了成功地再现贞德的形象，翻遍了关于贞德的文字资料。大文豪、诺贝尔文学奖获得者萧伯纳给褒曼寄来了自己写的关于贞德的剧本，这在别人看来是莫大的荣誉，但是褒曼竟然出人意料地拒绝了，因为她觉得这个剧本所描写的贞德并不真实。

萧伯纳那时已经92岁高龄，在年轻时就已经名扬天下，还没有人敢如此"轻视"他写出来的文字。一天，褒曼接到了萧伯纳的邀请，这位文坛巨匠邀请她到自己的家里做客。褒曼很高兴地驱车拜访这位德高望重的人物，萧伯纳站在自己家的门口亲自迎接褒曼的到来。褒曼还没等进门，萧伯纳就像个老顽童一样迫不及待地问道："请问您为什么不演我写的剧本？"褒曼先是礼貌地问候萧伯纳，然后便站在大门口讨论了一会儿，后又来到萧伯纳的房间继续讨论。褒曼首先肯定了萧伯纳的剧本是一部杰作，但是直言自己并不喜欢这个剧本，她认为萧伯纳笔下的贞德是一个机警、好斗的形象，而且过于聪明。在褒曼看来，贞德是一个单纯的农村姑娘，没有受过教育，而萧伯纳让她开口说了很多她根本不可能说出来的话，总之，萧伯纳的文字是一流的，但那些文字并不是贞德的语言。如此一番评价，萧伯纳恐怕只有在初出茅庐时才听到过，如今却从一个与自己年龄相差半个世纪的"小姑娘"嘴里冒了出来，面对这样的率真，萧伯纳毫不介意，相反却被深深地打动了，因为萧伯纳也是一位性情中人。他津津有味地与褒曼继续就艺术创作的问题进行了讨论。两个率真的人的这次交集也成为艺术史上的一段佳话。

英格丽·褒曼以坦率的态度面对生活，从不对生活说谎，在喧嚣的娱乐圈，她一直保持着一份可贵的真诚。这样的人生态度使得褒曼无需穿多么华丽的服饰，也定会成为一个耀眼的存在。

只要脑不瘫，心不瘫，就要雕到底：邬良英

她是重庆偏僻农村的一位农民，从来没有接受过专业的艺术训练，而且仅仅只有小学文化。她并不懂艺术是什么，却在花甲之年突然产生了艺术灵感，用一台切割机，一袋水泥，接连创作出一系列雕塑作品，令专业的艺术家感到震惊。她的作品被专业人士称为"后现代"艺术，央视称她为中国的"梵高奶奶"。她就是一位普普通通的农村妇女，现在的"后现代"艺术家邬良英。

一切都源自于内心对雕塑的热爱。邬良英生活在一个很淳朴的环境中，几乎没怎么出过自己生活的村子，仅仅凭借一台电视来了解外面的世界。2007年，电视上播了一档美术电视节目，邬良英看过后也想画几张玩一玩，于是她就用孙子的彩笔以及美术本画了起来，仅用了两个小时就创作出人生的第一幅画《母爱》，那次算作邬良英首次接触"艺术"，从中体会到乐趣的邬良英又陆续创作了很多作品。

到了2008年的冬天，一个和平常没有任何区别的日子，邬良英像往常一样在家里看电视，镜头上突然出现了一座雄伟的建筑。邬良英也许并不知道那是著名的法国巴黎卢浮宫，但是她觉得那些雕塑看起来很好看，有一种被震撼的感觉。邬良英兴奋得一晚上没睡着觉，于是她"突发奇想"自己也应该留下点什么。最后邬良英决定把自己画的一幅大公鸡做成雕塑。

说干就干，邬良英用300元钱买了一台小型切割机，又到山上选了一块两头翘的石头，并自己把这块重达 100 斤的石头背回了家。忙了四个通宵后，凭着自己的想象，她还真把一只栩栩如生的大公鸡雕出来了。看着自己手中诞生的作品，邬良英心情很激动，从此一发而不可收拾，彻底地喜欢上了雕塑与绘画，并且把所有的心思都用在了这些事上。

由于白天还要干农活，邬良英就利用晚上的时间来做自己心爱的雕塑，她的身体并不好，患有脑血管硬化，但仍然顾不得休息。而对于邬良英的这一行为，村子里的冷言冷语开始出现，很多人觉得她这是不务正业，她的丈夫对此也颇有微词，而邬良英却把省吃俭用节省下来的一点钱都买了画纸，为这事两个人也没少吵架。村里人的冷嘲热讽，家人的不支持，都没能使邬良英放弃这"不务正业"的工作，她还为此给自己写了一副很不专业的"对联"为自己打气。

由于根本不懂雕塑技术，她只能在摸索中进行，她在雕塑的最初，所用的材料就是石头，由于石头太重，后来她不得不改用水泥与石灰粉混合的方法，邬良英自豪地说使用这种方法做雕塑的人，除了她全世界都没有第二个。做雕塑比绘画要辛苦得多，有时候下起了大雨，她就一只手撑着伞，另一只手继续雕刻。手磨出血了，就多戴几双手套。而绘画其实也并不轻松，冬天手冻得拿不稳笔，只得先在火炉旁烤一会儿火然后再接着画。

"道路是自己选的，既然选定了这条路，就要勇敢地走到底。"只有小学文化的邬良英语出惊人。由于没有受过一点雕塑训练，一些动物又根本没有见过，所以邬良英的作品难免有些粗糙，比如出现了

老虎像猫、大象像猪的问题，但大多数作品造型生动，想象力丰富。而她的创作素材很多都是在电视上看到的，其中有田园风光、英雄人物以及动物等，这些作品都是靠记忆完成的。她还从实际效果出发，用最笨拙的方式自己摸索出一些方法，解决了她自己从来没有想过的理论问题，而最初的想法仅仅是为了好看。邬良英如痴如醉地沉浸于自己的世界里，她表示只要有足够的水泥，她会把雕塑摆满她的房前屋后。

一位雕塑家听说了邬良英的事迹后，有点不相信，决定亲自去看一看，结果被眼前的一切所震撼，于是产生了要为这位老人举办展览的想法。2010 年 2 月 14 日，展览地点选在了一片开阔的田野中，展出近百幅绘画作品、70 多个雕塑，很多美术学院的教授都折服于她的创造力。

2010 年 6 月 22 日，央视对邬良英的创作做了专题报道，她开始被称为"梵高奶奶""最草根的艺术家"，邬良英对此却并不感兴趣，因为她并不认识梵高是谁，也不理解那些专家抛给她的"田园派""后现代"是什么意思，她只知道自己很喜欢做这件事，觉得自己找到了童年的感觉，无忧无虑。

"只要脑不瘫，心不瘫，就要雕到底。"老人很平静地表达了她对艺术的热爱。

Part6

女人要上进：

哪怕一无所有，也要永不止步

我知道自己要什么，我是个行动派：杰西卡·阿尔芭

杰西卡·阿尔芭，是一位深受广大影迷喜爱的演员。被誉为美国第一美女、"甜心"，2001 年获得第 58 届美国金球奖剧情类最佳女主角提名。

杰西卡·阿尔芭 12 岁时，母亲在她的请求下把她安排进入艺校学习表演。9 个月之后，她被一位经纪人相中，签下了合约，从此开始了她的艺术生涯。

杰西卡·阿尔芭自从进入娱乐圈后，便有自己的做事原则，那就是坚决拒绝拍摄"裸戏"，这与很多在娱乐圈打拼的女演员不同。杰西卡这样做并非自己的姿色逊于她人，恰恰相反，她天生丽质，身材撩人。她拒绝裸戏，完全出于女性的自尊自爱。这可能跟她从小生长于军人家庭有关，阿尔芭的父亲是军人，童年时期她基本上是和祖父母一起度过的，而老人们对于是非有着鲜明的判断，在这样环境下成长的阿尔芭从小就是一个坚持自我，自尊自爱的女孩。

阿尔芭喜欢表演，尽管在刚出道的几年间，她并没有什么大红大紫的作品，也没有得到重要的角色参演，但她并没有因此以出卖色相为手段去争取更多的演出机会，她坚持自己的做人原则，在她看来，一个女孩最重要的就是自我尊重。所以，为了她酷爱的艺术，也为了有资格做到自尊自爱，她潜下心来认真学习表演艺术，在小角色中锻炼自己的演技。她说曾经有人找她演过重要角色，但前提是要她"裸"，尽管那个角色对她的诱惑很大，但她最后还是坚持了自己的原则，放弃了可以更早成名的机会。

阿尔芭是喜欢表演的。她说："我很小的时候就喜欢装作是另一个人，对我来说那很好玩。"长大后她更加坚定了这个信念，并知道应该怎样在这条路上走下去，以怎样的方式去赢得观众的喜爱。很多个日子，她待在家里看书，看那些著名影星拍摄的电影，认真揣摩他们的表演，渐渐地对于表演她有了自己的看法和观点。她告诉自己，一定要凭借自己真正的实力而不是"卖相"在好莱坞争得一席之地。

在接拍了几个小角色后，她获得了参演《末世黑天使》的机会，在这部电视剧中，她将自己沉潜的功力展露了出来，她的表演获得了观众的好评，并借此荣获最佳电视剧女主角提名。这部电视剧的导演就是《泰坦尼克号》的大导演詹姆斯·卡梅隆。这位大导演曾在一次访谈中回忆说："当时的阿尔芭，并没有现在漂亮，身材也没有现在好。她真正吸引我的是她对表演的态度。"能够得到这位导演的如此评价，对于阿尔芭来说无疑是值得高兴和自傲的一件事。因为这毕竟不是用"裸"换来的，而是真正的对表演艺术的态度让她得到了大导演的欣赏。

在好莱坞一脱成名的女星很多，尽管这些女星因此而"财源滚滚"，星途顺畅，可这都无法让阿尔芭改变自己的初衷。不论怎样她都在坚持着自己的原则——自尊自爱。

2005 年，杰西卡·阿尔芭接到了电影《罪恶之城》的参演邀约。

剧本深深地吸引了她，她很快接受了这个角色，在里面饰演一位艳舞女郎。影片中这位艳舞女郎，在肮脏的酒吧里，挥舞着手中的鞭子扭动着身体，可是她的脸却无比圣洁，犹如天使一般。这个角色对于阿尔芭来说是一个不小的挑战。因为阿尔芭从小生长在一个军人家庭，接受的是严格正统的教育，对于这种在酒吧里一副扭捏作态的女性，她毫不熟悉。为了能够演好这个角色，杰西卡·阿尔芭跑遍了美国三个州，专程去夜总会看表演，尽管这些对她在日后演绎这个角色上并没有多大帮助。但最起码，她知道哪一条路行不通。后来她在 MTV 频道学习了扭胯。阿尔芭为了这一角色所做的努力无非是想用实力打动观众。

《罪恶之城》改编自一部漫画，漫画原著中，杰西卡饰演的舞女本来有全裸的场面。可是杰西卡并不想那样做，也是为这，在接拍此片时她曾有过犹豫。并在之后努力做一些事情，想让导演看到她为了这个角色是怎样地努力。也许是她认真努力的工作态度打动了导演，电影拍摄时，导演只好将自主权交给了这位极度自重的姑娘阿尔芭，所以后来人们在影片中看到的不是"裸"着的舞女，而是身着皮衣皮裤的美艳女子，而这依然赢得了观众的一片唏嘘，大赞她的美丽性感。

杰西卡·阿尔芭认为，在演出中，可以接受打斗，挑战危险，却决不能"脱"。她说如果全"裸"自己宁可放弃。她希望人们看到的是她的演技而不是性感。杰西卡的自尊自爱也赢得了很多人的尊重。漫画作者弗兰克·米勒就说过："杰西卡从未真正'脱光'演出过，在好莱坞这样的女孩子很少见。她始终坚持自己的原则不拍裸戏，这份自重着实令人敬佩。"

　　好莱坞女星绯闻不断，而阿尔芭却从没有过任何绯闻，这与她自尊自重的做人原则有着密不可分的关系。而自重也让她散发着与众不同的光芒。

只有刻苦训练，没有任何捷径：乌兰诺娃

乌兰诺娃是前苏联著名的芭蕾舞演员，享誉世界的艺术大师，一生获得过无数荣誉。著名电影导演爱森斯坦称赞乌兰诺娃"是艺术的灵魂"。

乌兰诺娃出生在一个艺术家庭，父母都是芭蕾舞演员。但是年幼的乌兰诺娃却从来没有想过要做一名芭蕾舞演员，因为在她的印象中那是很痛苦的事，所以在被父母送进芭蕾舞学校时她总是哭着闹着要回家。

乌兰诺娃性格羞怯，在课堂上老师向她提出问题时，她总是站在那里一声不吭，甚至低着头流眼泪。乌兰诺娃身体纤弱，几乎所有的常见病她都得过，她脖子有点短，背有点驼，这样的气质日后怎么可能成为一流的芭蕾舞演员呢？那时的乌兰诺娃是以"丑小鸭"的形象示人的。老师们都不太看好她，甚至担心她的腿会由于太细而折断。

回忆那段日子，乌兰诺娃说自己曾经非常"憎恨"这门艺术。芭蕾舞是一门很残酷的艺术，它的训练既艰苦又枯燥，而乌兰诺娃看起来是那样的柔弱，如何能吃得了这个苦头呢？

但是经过一段时间的训练，乌兰诺娃渐渐地喜欢上了这门艺术，并决定为之奉献一生。经过艰苦的训练，不懈的努力，她最终成为了一名优秀的芭蕾舞演员。老师做示范时，她的眼睛几乎眨也不眨，如饥似渴地倾听着。乌兰诺娃在舞蹈的韵律以及和谐性中体会到了一种美感，因训练辛苦想要停下来的时候，她总是对自己说："快练习吧，你如果停下来就会成为名不副实的芭蕾女演员。"每当她做完一两个练习后，一种巨大的轻松感以及满足感便会油然而生。其他人都希望尽快结束排练休息一会儿，她却一遍又一遍地揣摩每一个动作。在学校里，周围的女孩子外形条件都很优秀，所以学习时不太用心，总是逃课出去玩，乌兰诺娃知道自己条件差，不可以这样做，因此每天坚持练习，这样的习惯她一直保持到80岁。她知道要想使自己的形体完美，只有刻苦训练，没有任何捷径。

乌兰诺娃不仅在学校时刻苦练习，那些日复一日的枯燥动作几乎伴随了她的一生，成名后的乌兰诺娃，依然认为自己是一个小学生，反复练习每一个舞步，每一个舞姿。当乌兰诺娃某一个动作做得不好时，她也会产生一种"不行了，明天再说吧"的感觉，但她不会真的"明天再说"，而是对导演说"再试一次"，就这样反复练习，直到把这个动作完美完成为止。而那时，也许已经是半夜了。也正是这无数个"再试一次"，才使乌兰诺娃的每一个动作都达到了堪称完美的程度。她对自己严格要求了一辈子。

要强的性格使乌兰诺娃的舞蹈达到了出神入化的地步，1956年她到英国表演，乌兰诺娃在舞台上扮演的朱丽叶，深深地感染了英国观众。演出结束后，他们起立鼓掌长达半个小时。英国著名芭蕾评论家称乌兰诺娃就是朱丽叶本人。

乌兰诺娃的先天条件并不好，甚至在很多人看来根本就不可能成为一名芭蕾舞演员，但是乌兰诺娃的个性决定了她会一直坚持下去，

用努力来弥补先天的不足，她做到了，并且成功了。

看到乌兰诺娃那瘦弱的身躯，如果你认为她仅仅是一个活跃在艺术舞台上的"女流之辈"，那就大错特错了。

1941年，苏德战争爆发了，前苏联人民英勇地投入到这一场反法西斯战争之中，此时的乌兰诺娃作为伟大的艺术家，在前苏联德高望重，完全可以踏踏实实地搞艺术。但是乌兰诺娃再也坐不住了，她给全苏艺术委员会主席写了一封信，请求直接上前线，参加消灭德国法西斯的战斗。乌兰诺娃在信中表示自己面对德国人的入侵已经无法平静，请求领导批准她到前线去，哪怕是做一名护士。在写这封信之前，乌兰诺娃已经多次提出申请，但是都没有得到批准。全苏艺术委员会主席在给乌兰诺娃的回复中批准她休假，仍然没有同意她上前线的申请，乌兰诺娃没有就此罢休，在回电中依然坚持自己的想法。虽然最终没能实现上前线做护士的愿望，但是在1944年的列宁格勒保卫战以及莫斯科保卫战中，乌兰诺娃来到前线做慰问演出，鼓舞了战士们的斗志。

直到1998年去世，乌兰诺娃没有向任何人提起过这件事，她不会把这件事作为炫耀自己的资本。

乌兰诺娃在舞台上的艺术魅力给人以极大的精神享受，她在生活中的气质魅力也使人由衷产生敬意。一个柔弱的外表下，却隐藏着一个坚强的灵魂，她看起来是那样脆弱，对待自己却总是毫不留情，这一反差促使她最终实现了自己的艺术梦想，最终成为一颗灿烂夺目的巨星。

站在更高处看世界：曾涛

　　成功的女性往往表现出极高的智慧，她们能站在更高的角度去看待社会。曾涛，作为北京电视台著名节目《世纪之约》的栏目主持人，展示出了她非凡的女性智慧之美。《世纪之约》的栏目嘉宾都是为新中国建设做出杰出贡献的科学家，在与他们的对话过程中，曾涛慢慢地将自己塑造成为了当代女性的榜样。

　　说到曾涛，可能她的先生郭为——联想集团副总裁对其最有评价的权利。郭为在互联网领域声名显赫，而很少有人知道他的妻子就是《世纪之约》的栏目主持人曾涛。在一些特定的场合和领域，曾涛的知名度可能还大过郭为。

　　《世纪之约》是一档通过对话和交流来传播科学知识和科学精神的节目，让人意外的是，这样的一档节目，却让名不见经传的曾涛声名鹊起。在这档节目中，曾涛的表现让人们看到了一个美丽女人身上散发出来的智慧气息。在几年的时间里，曾涛采访了数十位中国顶尖科学家，比如中科院纳米研究专家白春礼院士、超导专家赵忠贤院士、"杂交水稻之父"袁隆平院士、物理学家周光召等。

　　2003 年 8 月 5 日，曾涛以采访明星的方式对欧阳自远先生进行了专访。欧阳自远是中国探月工程的首席科学家，为中国的载人航天事业做出了卓越的贡献。探月这个话题，具有极强的严肃性和专业性，

对于曾涛来讲，如何深入浅出，将探月话题形象直观地展现在观众面前是一个不小的难题。曾涛明白，对于观众来讲，节目的趣味性和直观性最具吸引力，也就是说，这是节目收视效果的保证，所以她告诉自己必须努力跨越这道坎。

采访前，曾涛首先来到欧阳自远的办公室，对那里进行了仔细而又专业的观察。对于一个人采访来说，地点的选择以及整个背景的呈现是十分关键的，它将直接影响收视效果。而如何贴近普通大众，让对话更加朴实，也是曾涛必须考虑的问题。在欧阳自远的办公室内，曾涛敏锐地发现了两张地图，月球和火星的地图，两张地图非常大，具有很强的视觉冲击力，曾涛觉得它们能够很好地帮助她建立整个采访的基调和氛围。

所以当曾涛第一眼看到这两幅地图时，就眼前一亮，心中豁然开朗，这不就是整个节目试图去达到的效果吗？随后，曾涛果断地将两幅地图作为了节目的意象，引导整个节目的制作流程和氛围。

曾涛明白，《世纪之约》作为一档科学普及和宣传的节目，交流和对话至关重要。曾涛说道："不能用我问你答式的明星访谈，而是要突出节目的科学性，引导科学家更加流畅地说出自己的观点和想法。"在传统上，人们大多关注主持人的漂亮程度，可是现在的关键是要看主持人是否让科学家说出应该说的话。

曾涛明白，对于科学家而言，进行科学而周密的研究是他们的本领，如何向观众进行简单的科学普及却是一个难题。因此，两幅地图的呈现，既能当作整个节目的背景，也能用作节目的材料和内容。曾涛用自己的智慧成功地解决了节目的两个重大问题，随后的节目就顺利自然地呈现出来了。

在节目中，曾涛提出简单易懂的问题，既能让观众明白，也便于欧阳自远进行讲解。另外，曾涛和欧阳自远达成默契，让欧阳先生围绕着月球和火星的地图进行形象直观的演示。在节目的进行过程中，曾涛常常提出一个普通人关心的问题，既简单也能让观众保持对节目的兴趣，欧阳先生的表述和演示也契合了观众的口味，因此，让观众在观看这档节目时觉得十分过瘾。

这个节目引起了人们极大的关注。节目中，主持人曾涛饱含智慧的简短提问，美丽端庄的外表，欧阳先生挥毫泼墨般精彩的讲述，无不令观众大为惊喜。曾涛用女性独有的智慧解决了科学对话中的难题，塑造了一个很好的节目形态，这对于电视节目的多元化发展，起到了很大的推动作用。

一档高端科学节目的录制，会出现很多意想不到的情况，这对于一个年轻的节目主持人来说，是一个不小的考验。好在曾涛不仅是一位外表出众的女性，同时也兼具智慧和学识，因此，才会给观众留下了深刻的印象。

有一次，曾涛的采访对象是中国著名的物理学家周光召院士。周光召是一位非常低调和沉默的人，不爱讲话，特别是当了科学院院长之后，更是少言寡语，他将全部的精力都投入到了科学研究和教育事

业上。对于这样一位为国家做出了巨大贡献，享有很高声望的科学家，曾涛觉得自己必须要想尽办法让人们了解他。作为主持人，曾涛的任务就是尽可能让周老说话，说出更多的话。周围的人对曾涛说，很多人都没有听他说过话，你只要能让周老开口就成功了。

尽管曾涛事先做足了功课，但是采访一开始，交流就显得十分困难。在整个节目的前四十分钟内，周光召一直低着头，没有看曾涛一眼，气氛显得十分低沉。但是，曾涛坚持对话和交流，试图用女性独有的魅力和更加真诚的沟通来打破交流障碍。

对话的切入点是非常关键的，曾涛首先从周光召的家庭入手，聊他的童年生活。另外，曾涛还问道："听说您从小就是一个神童？"这样的提问，一下子缓解了交谈的氛围，使气氛变得轻松而愉悦。曾涛甚至还说："听说您被认为是一个书呆子？"这样的提问方式，又一次打破了周光召院士心里的交流阻碍，使谈话变得简单而顺畅起来。节目中，曾涛充分运用自己的智慧，利用女性独有的视角去洞察周光召的内心世界，用更加耐心、平稳和真诚的态度与他交流，因此，她成功地完成了采访任务，也让这位伟大科学家的形象很好地展示在了公众面前。

《世纪之约》里，漂亮而又端庄的主持人、饱经沧桑的科学家、艰苦而伟大的人生、形象直观的科学知识，所有的元素汇聚到一起，让本来较为冷门的科学栏目，一下子变成了群众的关注焦点。这档节目，不仅促进了科学知识和科学家形象的广泛传播，也推动了电视节目形态的变革。

　　曾涛，一个具有智慧的女性，拥有敏锐的思路、优雅的谈吐、亮丽端庄的外表，这样的女性怎能不让人们喜爱和尊重。

努力尝试去获得别人的尊重、友情和快乐：碧昂斯

一个出身平凡的女孩，在 26 岁的时候，就已经手握 10 座格莱美奖杯，她一直梦想着同时获得奥斯卡、格莱美和托尼三项大奖，她就是：碧昂斯。碧昂斯勤奋努力，一直坚持不懈地追求着自己的梦想。在演唱事业如日中天的时候，她又把目光转向了另一个目标，参与到电影《追梦女孩》的拍摄，之后，她塑造了很多让人难以忘怀的形象。她是一个难得的多栖艺人，在很多领域取得了突破性的成就。

碧昂斯是一位非常有主见的人，在音乐上有很多创新的想法，并且敢于付诸实践。2014 年，她又获得了"先锋录影带大奖"，在演艺事业上获得了更大的进展。

随着互联网的发展，音乐艺术也发生了潜移默化的改变。人们更愿意观看和音乐相关的 MV。之前，很多艺人在歌曲 MV 中展露愤世嫉俗的形象，以获得更多人的认同。随着 MV 的流行，一些艺人开始在这方面下功夫，试图做出一些创新，而网络化的社会正好契合了这种发展趋势。

碧昂斯是一个对音乐有着执着追求的人，她希望自己能在更多的方面有所突破，让音乐艺术展现出不一样的魅力和特色。随着 MV 开始慢慢流行，已成为构成一首歌曲不可分割的部分，艺人也越来越重视 MV 的影响力。碧昂斯也开始意识到，MV 是一种非常好的传播手段，可以让歌迷在听歌的时候有视觉上的享受。碧昂斯认为，歌曲单一的听觉艺术限制了歌曲的传播广度，而影像化的 MV 可以很好地表达出歌手的想法。

有了这个简单的想法之后，碧昂斯找来了唱片制作人，希望可以通过与他们进行沟通实现自己的想法。碧昂斯的制作人听到这个想法后，表示震惊并且赞同这个美妙的想法，觉得这也是一个非常好的艺术和商业宣传手段，可以丰富艺术内容的呈现。碧昂斯说道："单一的听觉艺术限制了歌曲的多维度呈现，用 MV 的方式可以很好地传递出歌曲想要说的话，使其更加形象直观。"

不过，碧昂斯不只有一个这样简单的想法，而是要具体到 MV 内容的呈现上，要表达出很多内心深处最渴望诉说的东西。在和制作人交流的过程中，碧昂斯说道："MV 应该构成一个完整的故事，引导着音乐往前推进，这样才能有更舒服的听觉和视觉享受，让它们形成一个紧密的整体。"因此，碧昂斯不仅会参与到歌曲的录制中，还亲自策划整个 MV 的风格和故事情节，力图让每一首歌都能传达出不一样的信息。

在 2009 年 VM 的颁奖典礼上，碧昂斯以《Single Ladies》荣获最佳录影、最佳剪辑和最佳舞蹈设计三项大奖。在这个 MV 中，碧昂斯采用了反其道而行之的办法，用复古的色调来衬托整个氛围。在背景空旷的舞台上，一位性感妖娆的女歌手穿着紧身连衣裙和高跟鞋，热辣起舞，张力十足。MV 配合着歌曲的进程发展，完善了音乐的品质，让视听艺术有了更多发展的可能性。

碧昂斯的创新，让音乐艺术得到了更加多元化的展示，让更多人

认识了一个更加全面的歌手。碧昂斯是一个喜欢突破的人，她热衷于不同的事业，在商业上也有自己的想法和观点，并取得了非常出色的成绩。

碧昂斯喜欢追求完美，无论是在音乐选择上，还是商业发展上。碧昂斯是一个在世界范围内得到公认的成功歌手、演员，同时她也是一个成功的商人。碧昂斯说，她努力尝试去获得别人的尊重、友情和快乐，并通过努力去换取生活的一切。

碧昂斯拥有非常诱人的身材，十分注重自己的衣着打扮。不管是在活动中，还是举办演唱会时，碧昂斯的服装从来都是人们关注的焦点，她的着装总是能够很好地衬托出她的完美身材。就在演唱事业上取得丰硕的成果之后，碧昂斯开始考虑做自己的服装，打造碧昂斯的品牌。在参加一些活动时，碧昂斯总是找不到称心如意的服装，常常因此而苦恼。而随着事业的发展，碧昂斯的经济实力也大幅提升，这时，她想要打造自己服装品牌的想法又开始出现了。

2014 年，身为流行天后的碧昂斯宣布与著名服装品牌 Topshop 合作，成立一个合资公司，双方占有同等的股权。不过，这家公司并不是简单地打着碧昂斯的广告，去开发服装，而是紧密地和碧昂斯联系在一起。集运动与时尚为一体的服装品牌一直是她追求的目标。

碧昂斯并不只是当一个后台老板，而是要做一个设计师，让自己的想法形成一个完美的产品。作为美国音乐界的流行天后，碧昂斯与时尚十分有缘，也有一些独特的想法和观点。在合作的过程中，碧昂斯试图利用 Topshop 的技术，让想法得到完整的呈现。

近日，碧昂斯发布了自己最新的服装广告，向人们展示了自己最新的设计。这款服装利用了涂鸦的特点，让文身和衣服结合在一起，上演了一场绝美的人体艺术时装秀。在广告中，碧昂斯大秀裸背，文身遍布全身，仔细看来，这些都是信手拈来的涂鸦之作，破碎而又整洁。碧昂斯追求的就是这种新颖充满特色的服装，让人看起来非常具有时尚动感。

　　除此之外，碧昂斯还推出了香水系列的产品，并代言广告，她已一步步地建立起了自己的商业王国。2014年，碧昂斯成功登顶《福布斯》全球名人榜，她用自己的努力创造了巨大的商业价值。

要做最好的那一个：莎拉·布莱曼

作为继世界三大男高音之后乐坛涌现的一位传奇天后，莎拉·布莱曼凭借其丝毫没有烟火气的嗓音创造了太多的纪录：世界古典跨界音乐的创立者；格莱美最佳古典女艺人；1200万张单曲销售纪录以及世界上唯一演唱过两届奥运会主题歌的艺术家。莎拉·布莱曼第一次演唱奥运会主题曲是在1992年巴塞罗那奥运会开幕式上，当时她和世界三大男高音之一卡雷拉斯共同奉献了那首《永远的朋友》。第二次就是我们非常熟悉的北京奥运会开幕式上和刘欢联袂演唱的《我和你》。

莎拉·布莱曼从小喜欢艺术和表演，但并不是一开始就锁定了音乐这条道路，她在3岁时被家人送入芭蕾舞学校训练。莎拉·布莱曼原以为自己应该成为一名古典芭蕾舞演员，并为之付出了很多努力。在学校里，年幼的莎拉布莱曼就有了竞争的感觉，大家都争着表现自己。虽然年纪不大，母亲也没有在身边要求她达到怎样的程度，莎拉·布莱曼却已经有了"要做最好的那一个"的想法。

在当地舞蹈学校训练了一段时间后，莎拉·布莱曼就掌握了学校所教的一切技术，那所学校已经没有什么东西能教给她。于是在莎拉·布莱曼14岁的时候，又被家人送到了伦敦去接受更专业的芭蕾舞训练，在那所学校里，她不仅仅学习跳舞，同时也接触到了声乐，于是她逐渐对声乐产生了浓厚的兴趣。莎拉·布莱曼在唱歌的时候，发现自己的声音是那样的迷人，就想到自己也许可以从事音乐事业。

"我觉得歌唱是我的才能中最出众的。"莎拉·布莱曼后来回忆说。她的兴趣已经转移到了唱歌上面，对芭蕾舞不再那么热衷了。犹豫了很久的莎拉·布莱曼决定对老师说出自己的想法。一天，训练结束后，莎拉·布莱曼找到老师，小心翼翼地看着老师，似乎一时开不了口。她的老师鼓励她说出自己的想法。"我觉得我好像有点待够了，不想再学芭蕾舞。"莎拉·布莱曼大胆地说了出来。"那你想去做什么呢？"老师看起来并没有生气。"我想去唱歌，我觉得唱歌才是我的强项。"出人意料，老师对莎拉·布莱曼的想法非常支持："你可以去做你喜欢的事，你应该去创造自己的人生。"老师的鼓励给了莎拉·布莱曼很大的勇气，也改变了莎拉·布莱曼未来的路。

　　就这样，年仅16岁的莎拉·布莱曼离开了芭蕾舞课堂，而一年以后她就发行了在全英单曲榜中名列第六的歌曲。

　　莎拉·布莱曼小的时候，和其他喜欢异想天开的孩子一样，总是幻想着能够到太空去旅行，1969年美国阿波罗登月成功，8岁的莎拉·布莱曼兴奋地从一台黑白电视机中收看到了登月画面，那是个很神奇的画面，那一刻，她怦然心动。从那时起，神秘的太空就成了莎拉·布莱曼永远无法忘却的梦。这个梦一直伴随莎拉·布莱曼到成年，我们会看到成名之后的莎拉·布莱曼经常在演唱会中吊钢丝。在她2013年的专辑中还有月球、太空、宇航员的一系列镜头，这些无不体现了她对太空的迷恋。莎拉布莱曼说自己非常迷恋空间的概念，宇宙、人类以及星球都可以唤起她的很多情感。

　　这一天终于就要到来了，一直渴望太空的莎拉·布莱曼在52岁

时计划暂时放下演唱事业，她先要在俄罗斯接受半年训练，然后在
2015 年搭乘"联盟号"飞船进入国际空间站，并会非常浪漫地在太空
引吭高歌。如果一切顺利，这意味着莎拉·布莱曼将成为世界上第一
位进入国际空间站的专业歌手。

　　而在这之前，莎拉·布莱曼曾经有过离心机训练的尝试，她所接
受的身体以及心理检测也都没有任何问题。为了能顺利进入太空，莎
拉·布莱曼遵循着严格的体能训练。为了适应飞船升天时的巨大压力，
沙拉.布莱曼需要在一张旋转的椅子上接受心理测试，时间为 10 分钟，
很多试过的人表示很难受，莎拉·布莱曼却觉得很平静，没有不好的
感觉。看来老天十分照顾莎拉·布莱曼，她已下定决心要到太空去走
一遭。2012 年 10 月 10 日，莎拉·布莱曼在莫斯科举行新闻发布会，
宣布自己通过了医学检测。儿时的梦想曾经是那样的遥不可及，可现
在它就在眼前，莎拉.布拉曼甚至都不敢相信这个事实。

　　不过很多媒体对莎拉·布莱曼的这一举动持批评态度，说她这么
做其实是一个宣传噱头。但是莎拉·布莱曼解释说自己的这一举动是
为了鼓励所有人找到自己的梦想，帮助联合国教科文组织实现促进世
界与宇宙和平，持续发展的目标。她的第十一张专辑就取名为《追梦》。
而她 2013 年在中国展开的第三次巡演时选择的充满梦幻色彩的海报也
同样表现了她的决心，在海报中，莎拉·布莱曼已经来到了太空，在
她的眼前，是蓝色的地球。她被人们称为"月光女神"，现在这个称
呼显得更加名副其实了。

从当初放弃芭蕾舞到后来在古典音乐中融入流行元素，再到如今的遨游太空计划，不能不说莎拉·布莱曼的人生旅程就是一个追寻创意梦想的旅程。

做到问心无愧、不后悔，我就没什么遗憾了：张怡宁

1993 年，当王楠的状态有所下滑之后，张怡宁就成为了中国女乒的领军人物。她一共获得 19 个世界冠军，8 个单打世界冠军，霸占女乒统治地位十几年，成为无数人心中的英雄。她的起点很高，很早就获得了世界冠军，以后的每一步都要超越自己。而张怡宁身上的那股超越自我的精神，也获得了人们的称赞。

2004 年，雅典奥运会女子乒乓球决赛场地上，人头攒动。对于运动员来说，奥运会冠军是每个人心中最高的梦想，是职业生涯的顶峰。那个时候，张怡宁第一次站在奥运会决赛的场地上。而她曾经错失过一次这样的机会。

2000 年，悉尼奥运会前夕，年仅 19 岁的张怡宁成为了参加女单比赛的热门人物。但是在奥运会前夕世乒赛女团决赛中，张怡宁表现不佳，马失前蹄，痛失机会。在那场比赛中，张怡宁的奥运会资格主要竞争对手，王楠和李菊都发挥了超高的水准，队友的极佳表现让年轻的张怡宁心态开始躁动，想着怎样好好地发挥，露出头角。结果，受这种情绪的影响，使张怡宁在比赛中的状态变得非常糟糕，从而丢掉了参加奥运会比赛的资格。

后来，在 2001 年的世乒赛上，张怡宁骄傲轻敌，在前两局大比分领先的情况下，被对手翻盘，痛失冠军。更为严重的是，张怡宁在比赛时情绪消极，致使她一时陷入了职业生涯的低谷期。

后来，张怡宁努力提高自己，刻苦训练，不断调整心态，终于战胜了心中的恶魔，并站在了雅典奥运会决赛场上。而这时，她要面对的只有自己，只有自己保持好心态，才能战胜对手。

比赛一开始，张怡宁打得顺风顺水，轻松地拿下了第一局。这时，张怡宁的心态又产生了细微的变化，轻敌的思想又慢慢地浮现了出来。第二局，张怡宁一脸轻松地上来了。比赛一开始，张怡宁就被对手打了个4:0，瞬间她就被打懵了。对于运动员来说，最怕的就是这种情况，在顺风顺水的时候，突然被对手猛击，所有的赛前准备和战术分析，一下子消失得无影无踪。

突然被对手袭击，张怡宁的心态开始发生了转变，技术动作变形，不能全身心地投入到比赛中去。这个时候，对手眼看着张怡宁陷入困境，面露凶光，甚至发出一丝声响来打乱她的节奏。短暂的情绪错乱之后，张怡宁努力调整心态，放松自己，想着赛前的战术安排，分析对手的技术软肋。接着，张怡宁全身心地投入到比赛当中去，甩掉所有的包袱，去与对手厮杀。张怡宁发挥出了自己的技术优势，对手被打得毫无还击之力，以11:8和11:7大比分领先。对手被冷静的张怡宁打得节节败退，失误开始增多，冠军的归属又一次发生了转换。后来，张怡宁趁胜追击，一举拿下了比赛，获得了女单冠军，为中国获得了夏季奥运会的第100枚金牌。

赛后，一脸愉悦的张怡宁说道，在赛前的握手中，她感觉到了对方手心发凉，心态有了小小的变化。心态细微的变化，最后直接体现在了比赛中，差点与冠军失之交臂。张怡宁笑着说，在那样的情况下，

心态有变化也是很正常的。不过，她成功地战胜了自己。用她的话讲，在整个职业生涯中，一直在和自己做斗争。

在夺得雅典奥运会冠军之后，张怡宁又提高了对自己的要求，她希望自己可以做中国乒乓球女队的领军人物。她说，运动成绩只是表面上的东西，她要在综合能力和思想境界上有所提高，扛起中国女乒这面大旗。后来，在第 48 界北京世乒赛上，张怡宁做到了这一点。

2005 年 5 月 5 日，张怡宁又一次站在了决赛场上。不过，这一次是在北京，是向个人生涯的第一个大满贯发起冲击。

这是一场非常艰苦的比赛，坐镇主场，享受着亿万观众的助威声，又手握个人第一个大满贯入场券，压力可想而知。比赛证明，这确实是一场硬拼硬的较量。面对观众此起彼伏的呐喊声，张怡宁的心态再次受到影响，怕输的念头让她无法集中精力。

从一进场，观众就为她呐喊，赛场上的欢呼声如波涛翻涌。比赛开始，张怡宁的双手发软，无法发挥出正常的战术水准。前两局，张怡宁就意外地落败了。一瞬间，全场陷入了死一般的寂静，叹息声不断划过耳际。在迅速的调整之后，张怡宁连扳 3 局，大比分 3:2 领先，形势似乎有所好转。事实证明，大满贯的道路充满艰辛，没有什么是一帆风顺的。在短暂的放松之后，对手迅速扭转局势，以 11:10 的态势向张怡宁发起冲击。这一局，对手志在必得，双方将会进入决胜局。观众的胃口再次被吊起，呐喊声快要把整个屋顶掀翻了。

但是，张怡宁努力调整心态，决不放弃，大赛之上，分分要命。这一分是非常关键的，输了双方直接展开白刃战，胜率各占一半，而一旦赢了，张怡宁就可以完成大满贯的梦想。历经磨练的张怡宁选择主动出击，没有放弃最后的机会，以 13:11 的比分逆转对手，成功地获得冠军，也实现了大满贯的梦想。

面对蜂拥而至的记者，张怡宁坦言，战胜自己的感觉挺好的，她很享受。

除了成功，没有任何退路：李光熙

李光熙是韩国的一位女性服装设计师，她的服装，母女两代人穿上都会很漂亮。可以说，李光熙的品牌自创办以来一直深受韩国妇女的喜爱。1988 年李光熙在一次与艺术接轨的时装发布会上，说过这样的话："我希望能够使更多的人意识到服装不是一种奢侈消费，而是人们文化生活的一部分，是面向文化的一种满足人的感性认识的东西。"

李光熙带给人们的是一种对服装的新理念。而李光熙为心中的理念也一直做着不懈的努力，为此，她不畏任何困难。她认为，每个人都应该坚持不懈做出自己的努力，任何情况下都要有自己的位置。

李光熙就是这样一位女性，只要认准了想做的事，就是遇到再大的困难也不会后退。上大学的第二年，李光熙就开始学习时装设计。她很喜欢做这件事，所以报名上了国际服装进修学校，在那里学习了两年的服装设计。28 岁那年，她认为自己可以设计出心目中理想的服装了，便正式踏上了服装设计这条道路。年轻的李光熙为了自己的理想，在毫无经验的年纪，鼓足勇气开了一家店，从此开始了真正意义上的事业之路。

来到她店里的第一位客人竟是曾做过外交官夫人的仁德大婶，李光熙对这样一位客人的光临显得很紧张，尽管她努力控制自己的情绪，可还是被这位夫人看在了眼里。这位夫人日后曾说："她很紧张，手一直在抖个不停，只是她努力地克制着自己的情绪。不过，虽然这样，但她的设计灵感、良好的工作作风以及让顾客满意的态度还是让我成为了这个店的终身顾客。"

由于刚刚开店，就来了这样一位尊贵的夫人，所以李光熙既激动又害怕，如果自己设计的服装可以令夫人满意，当然对她的自信是一种最好的鼓励；而一旦失败，也一定会打击自己最初建立的自信。所以，她告诉自己一定要成功。就这样凭借着天赋与一份必胜的决心，她战胜了最初的恐惧，成功地为夫人设计出了满意的服装，而这也为她的事业打下了良好的基础。

任何事业都不会是一帆风顺的，每一个干事业的人都经历过挫折和困难。李光熙也不例外。尽管最初事业的发展顺风顺水，可依然难免会遭遇挫折。可以说，在从事服装设计的二十多年间她遇到过很多次危机，而每一次她都挺了过来，用女性柔软的身躯、耐力和智慧，与人生的困难抗争。

李光熙不畏挑战，在服装设计与经营上一直遵循着与顾客间的标签制、顾客承诺制和不打折扣制等约定。与顾客之间制定这样的一种约定，无疑是将自己推上了一条艰难的道路，那是对自己服装设计负责到底的一种态度，除了成功，没有任何退路。李光熙告诉自己，既然制定了这样的约定，就不要去更改，她愿意接受任何挑战。

与顾客设定标签制，自然让自己的顾客群受到了一定局限。也就是说只有适当身份的顾客才能成为自己的"优质资产"。"顾客至上"一直是商家奉行的营销原则，可事实上，在经营中，将顾客奉为上帝，也无法满足所有人的要求。而且，顾客也不一定总是正确的，他们也

会经常犯错。有的顾客蛮不讲理又百般挑剔。李光熙在经营中就遇到过这样的顾客，尽管凭她不服输的个性，最终让这位顾客满意而归，却让她明白一个道理，选择自己的客户群，只为适合自己设计理念的顾客服务，精心打造出自己的品牌。

这样的经营理念曾经让她的店门庭冷落，但她没有退缩，而是认真钻研服装设计技能。她每天将所有的精力都用在了服装设计和经营门店上，有时候一天只顾得上吃一顿饭，晚上还要学习到通宵。但她愿意接受这样的人生挑战，她不允许自己得过且过地混日子。李光熙从不轻易地向困难低头，她说自己之所以会这样，都是在她年幼时过艰苦生活的缘故，那段经历一直深深地影响着她。她认为，在这个世界上，没有一件事是简单的，如果认为是那样，就离出错不远了。所以，她的生活智慧是"世上无易事"。也许正是这样的缘故，她才不畏困难，乐于迎接困难的挑战。

不畏困难和挑战的精神，精益求精地设计服装，苦心地经营，让李光熙终于拥有了自己的顾客群，而且二十多年来越做越好，也使得她成为了一名令人羡慕的成功女性。

既然要做，就要做得更好，你没有理由空手而回：吴小莉

吴小莉是凤凰卫视著名女主播，在十多年的媒体工作中采访了世界各地很多的名人，名列"环球 20 位最具影响世纪女性"。

读小学时，吴小莉就锋芒毕露，争强好胜绝不甘居人后，每次参加学校组织的演讲比赛一定会拿第一名。由于学习成绩特别好，长得清秀，每次竞选班长都很容易成功。别人当班长按部就班管理一下班级事务，她却大刀阔斧地搞起了改革：班委一律由女生担任，没有男生的分儿。一副舍我其谁的架势。

"大权旁落"的男生自然不会善罢甘休，他们频频在班级闹事、捣乱，给吴小莉的工作制造困难，吴小莉一向自信满满，对这些小打小闹根本不会放在眼里，但是为了让那些男生见识见识自己的"厉害"，决定杀一杀他们的威风。

一天，吴小莉管理班级纪律时，一个男生却拔腿跑了。吴小莉赶紧在后面追赶，追着追着，那个男生拐进了男厕所。跑进"安全地带"的捣乱男生在厕所不断挑衅："你有本事进来抓我呀。"吴小莉气坏了，还有自己解决不了的问题？为了镇住那些男生，她快步跑了进去，一把把那个捣乱的男生拽了出来。

吴小莉勇闯男厕所的事全班同学都看到了，甚至传遍了整个校园，这一敢作敢为的行为真的把那些男生镇住了，吴小莉成了班里的英雄，再没人敢在课堂上捣乱了。

吴小莉从小就善于和别人打交道，性格非常外向。由于聪明灵敏，从小到大一直生活在一个被所有人肯定的氛围中，所以对自己一直充满自信。但是年纪还很小的吴小莉就清楚大家的欣赏与疼爱不是自己安于现状的理由，自己一定要有所提高，所以吴小莉最常说的一句话就是：一定要把事情做得更好。

成年后的吴小莉开始从事媒体工作，先是在台湾工作，本来一切顺风顺水，却不顾很多人的反对到香港发展，来到了凤凰卫视的前身卫视中文台工作，吴小莉不会安于现状，她相信自己一定会在香港闯出一片天地。

1996年12月11日，这一天对于香港来说是历史性的一天，因为在香港即将回归祖国的时候，这一天将会产生香港特别行政区候任行政长官，凤凰卫视全程直播。吴小莉本来的任务是留在台里的演播现场。但就在特首诞生的前一天，台里突然通知吴小莉去投票现场采访新当选的特首。时间如此紧迫，对于不打无准备之仗的吴小莉来说是一个巨大的挑战，吴小莉认为自己的成功和努力是分不开的，每次有采访任务，每晚都会查资料到凌晨一两点，为了防止自己准备好的提问被别人抢先问到，自己总会准备五六个问题。即便如此，她也没有慌乱，而是很有信心地接受了这个艰巨的任务。

"既然要做，就要做得更好，你没有理由空手而回。"吴小莉这样说。

第二天，董建华高票当选香港第一任特首，在记者招待会上有300多位中外媒体记者，架起的照相机、摄像机层层叠叠，而吴小莉站到了人群旁边，位置处于劣势，不容易引起注意。董建华先是发表了当选感言，然后请记者提问。现场的采访气氛非常热烈，有的记者用广东话提问，有的记者用英文提问。吴小莉迅速分析了现场的情况，她知道董建华会讲流利的普通话。眼看记者会就要结束了，董建华宣布还剩最后两个问题。于是吴小莉做出了一个很抢眼的举动，用普通话高声提问道："董先生，请您用普通话向亚洲的观众说明，未来五年您将如何兑现您的承诺，不负今天高票当选所托？"

在一片粤语与英文的嘈杂环境中，吴小莉的大嗓门迅速被凸显出来，自然引起了董建华的注意，也意识到香港是一个多元化、国际化的大都市，董建华也改用流利的普通话回答了吴小莉的问题。后来吴小莉在接受凤凰网采访时说那个举动并不是突然出现的灵感，而是有所准备。吴小莉认为在采访前一定要想一想要用什么样的问题，要用什么样的方式以及要如何为自己的观众服务。而那次采访，吴小莉觉得对自己的观众服务需要用普通话。

在那种媒体众多的场合，观众其实无法看清是哪家媒体的哪位记者在提问题，而吴小莉不辱使命，成功地做到了这一点，处于发展阶段的凤凰卫视也成功地赢得了人们的关注。

无论是采访财经巨子还是政界要人，我们都可以从镜头中深深地体会到吴小莉的那种自信，其自信来源于自身的实力，更来源于良好的人生态度，她曾经说过一句很经典的豪言壮语："当大事发生时我存在，有中国人的地方就有我！"有人说吴小莉是在说大话，而我们只要了解吴小莉这一路走来的点点滴滴，就会明白这绝不是大话，而是真心话。现如今，已经成为凤凰卫视咨询台副台长的吴小莉又说了

一句大话："我要把凤凰咨询台做成中国的 CNN。"无论最后她是否会实现这个目标，我们知道，吴小莉一定会为自己说出的话付出努力，因为她永远是那么自信。

继续努力，用自己的行动去鼓励所有人：任月丽

任月丽来自河北涿州一个小村子，是一名很普通的女孩。她的家境并不富裕，父亲是农民，患有关节炎；母亲是智障患者，有时候连自己的女儿都不认识，一家人的生活就靠那几亩地。任月丽在这样入不敷出的家庭条件下却仍然拥有自己的梦想：唱歌。

2004 年，16 岁的任月丽独自一人来到了北京，成了一名"北漂"。北京是实现梦想的大舞台，但"北漂"说起来容易做起来难，对于家庭条件不好的她来说则是难上加难。每年有成千上万做着明星梦的人来到北京，但是最终闯出名堂的人少之又少。任月丽没有受过什么专业训练，她仅仅是怀揣着梦想的千千万万寻梦大军中的一员而已。

由于经济能力的原因，任月丽初中都没有念完就辍学在家，没有高学历，也没有一技之长，这样的她在北京并不好找工作。后来，她到了一家小餐馆打工。一天，任月丽在街上慢慢地走着，忽然一阵歌声飘了过来，这歌声马上吸引了从小喜爱唱歌的她，她四处张望，发现歌声是从一个地下通道里传出来的，任月丽赶忙向通道跑去。只见一名流浪歌手，手里拿着一把吉他，在里面悠然地自弹自唱着，任月丽一阵激动：原来歌还可以这样唱！自己一直喜欢音乐，但是根本找不到机会，在地下通道唱歌，既可以享受唱歌的乐趣，又可以赚一点钱，真是一举两得。任月丽走上前去，掏出兜里仅有的二十多元钱，对那位流浪歌者说："留下我吧，我可以给您打杂，等我学会了唱歌

167

以后赚到钱再补交学费。"她是要和那位流浪歌手学习唱歌。流浪歌手和任月丽一样，也是一名"北漂"，听到这个小姑娘的话大为感动，把一位比自己水平更高的朋友介绍给了任月丽，于是那个人就成了任月丽的启蒙老师。

任月丽在老师的住处附近租了一间很便宜的房子住了下来。从此，她白天给老师帮忙，晚上老师休息了，她就用老师的吉他刻苦练习。任月丽在音乐方面有一定的天赋，仅仅过了一个月，她就觉得自己可以单独在通道里唱歌了。但第一次站在西单地下通道里唱歌时，她却有点张不开口，觉得有些难为情，又怕万一让同乡看到后传到父母耳中。但是如果自己不唱，就不会再有机会接触音乐了，任月丽想到这些，才鼓起了勇气。

任月丽的歌声渐渐吸引了很多人的注意，大家被她的歌声所打动，并纷纷给予她支持与鼓励，这让她觉得非常的温暖。任月丽对那些鼓励她的人总是抱着感恩的心态，时间久了就和一些经常听她唱歌的路人成了朋友。

任月丽毕竟也是一个普通的女孩子，尽管她是那么的热爱音乐，但现实的艰难也一度让她退缩、迷茫。任月丽住的地方距离西单地下通道并不近，每天需要骑一个小时的车才能到，且唱歌赚的钱也不多，而任月丽每个月还要将收入的一半寄回家。2008年北京奥运会来临，很多人都去看比赛，整个通道空荡荡的，就只有任月丽一个人在那里自弹自唱，奥运期间她几乎颗粒无收，每天的伙食只能是馒头和榨菜。

天气闷热的时候，她汗流浃背地在那坚持，到了冬天，又是另一种滋味的折磨。这些她都咬咬牙挺了过去，但是最难受的是有些人的不理解。尽管许多人给了任月丽鼓励和支持，但同时也有人对她是鄙夷与不屑的，一些人把任月丽看作乞丐，曾经有一个醉汉向她扔钱表示要"可怜可怜"她，被任月丽愤怒地扔了回去。日复一日地努力唱歌，生活却依然没有任何变化，就像向湖中投下的一枚石子，没有激起任何涟漪，任月丽觉得看不到希望，看不到未来，为此，她常常一个人偷偷地哭泣。

但是任月丽很快就想通了。她对音乐已经达到了痴迷的程度，每天的生活费不到 10 元，但省下来的钱还是买了二手吉他、音箱等和音乐有关的东西，既然选择了这条道路，就不应轻易放弃，她曾问自己真的能做到放弃音乐吗？做自己喜欢的事，不就是一种幸福吗？

后来，任月丽在通道里唱歌的场面被一位网友拍了下来，并上传到网络上，这段任月丽演唱《天使的翅膀》的视频开始在网络上流传开来，并创下每分钟万次的点击纪录，成为那一时期点击率攀升最快的视频之一，网友们被她纯净的声音感动，说她"并不是在乞讨，而是在施舍"。与此同时，任月丽也吸引了众多媒体的注意，大家都开始关注这位在地下通道风雨无阻一唱就是四年的流浪歌手，她那不幸的身世也渐渐地为人所熟知，大家感动于她对梦想的执着的同时，进而了解了她的坚强与善良。网友们对她的音乐献出了掌声，也为她生活的艰难流下了泪水。因为在网络上的蹿红，大家都亲切地称呼任月丽为"西单女孩"，这个称呼后来不胫而走。

任月丽后来引起了一些音乐公司的注意，并与一家艺术公司签约，接着她又登上了央视春晚的舞台，最终从一位"草根"成长为一位"百姓歌手"。任月丽表示自己仍然会继续努力，用自己的行动去鼓励所有人。

女人要有梦想：
梦想这条路踏上了，跪着也要把它走完

我曾有梦：苏珊大妈

2009 年的《英国达人》节目落下帷幕以后，苏珊·波伊尔的名字不胫而走，这位已经 48 岁的中年妇女成了英国乃至全世界家喻户晓的人物，虽然她最终并没有问鼎冠军，只是屈居亚军，但是她却带给大家以更多的震撼与感动，人们都记住了她的自强不息，并亲切地称其为"苏珊大妈"。

苏珊出生时由于母亲难产而导致她短暂缺氧，因此不得不在保育箱里待了几周后才由父母带回家，医生告诉苏珊的父母由于她的大脑可能受到影响，所以这辈子不会有什么成就，也不必抱太大的希望。儿时的苏珊一直是同学嘲弄的对象，并得了一个"傻苏西"的外号，而苏珊这几十年来所做的，就是试图证明那些嘲笑她的人犯了一个大错误。

苏珊一直喜欢唱歌，并梦想有一天能够站在舞台上像明星一样歌唱，但是她的听众只有自己的母亲，一个照顾了她半生、一直给予她温暖依靠的人。苏珊早在 1995 年就试图通过选秀节目证明自己，不过由于主持人的"捣乱"与嘲弄而没能如愿。而促使她再次去《英国达人》寻梦的动力，是 2006 年母亲的去世。

"苏珊，要做些有意义的事来度过人生。""苏珊，赶快站起来！"

母亲生前说过的那些话时时萦绕在她的耳旁，苏珊终于鼓起勇气走上了海选的舞台。

在主持人通知苏珊上台的那一瞬间，一直比较镇定的她感觉自己的心里就像有一只小鹿在乱撞，她的手也有点发抖，甚至她想找个卫生间躲一躲。但是，没时间了，苏珊目前要做的只能是走上台去。"也许我会在观众面前出丑，也许我会厚着脸皮演下去，但是我必须上台去！"苏珊给自己打了打气，走向了舞台。

苏珊的头发乱得像个鸡窝，一身土里土气的打扮，由于紧张慌乱不知道该放在哪里的两只手，紧紧地贴着屁股，这样的她一亮相，便引起了全场的哄堂大笑。对此苏珊倒很镇定，因为她这一辈子由于其貌不扬，经历最多的就是嘲笑，对她此已经习以为常。不过由于舞台上的灯光太强烈，苏珊过了很久才看清台下的评委是何方神圣。

自从选秀节目开办以来，评委们已经见识到了各路奇形怪状的参赛者，看着台上这位体态臃肿的乡下妇人，他们以为又来了一个异想天开的家伙。再加上一天也没看到一个出彩的参赛者，评委们实在有点疲倦。先是问了问姓名，苏珊以一口土气的、带有口音的英语回答了问题。在提到她的家乡时，有名的"毒舌"评委西蒙觉得自己根本没听说过那个乡下地方。于是他随随便便地问了一句："你的梦想是什么？""成为专业歌手。"苏珊毫不掩饰自己的"动机"。西蒙强忍住笑："那你为什么现在还没实现梦想呢？""我没有机会，我希望今晚梦想成真。"苏珊平静地说。"你想成为哪位明星呢？"西蒙明显想嘲弄她一下。"伊莲·佩姬。"苏珊的回答很"老实"。

很明显这又是一个想出名想疯了的参赛者，她的声音一定和她的外貌一样"糙"，大家都等待着她表演完毕像往常一样一阵哄笑了事。

苏珊选的歌曲是音乐剧《悲惨世界》的插曲《我曾有梦》，因为这首歌恰好唱出了刚刚失去母亲的苏珊的感受：虽然寂寞、无助、沮丧，但是我还有梦！前奏响起，苏珊张开了口。

已经做好了哄堂大笑准备的观众们却突然听到一阵天籁之音传了过来，整个现场寂静无声，人们都屏住了呼吸，包括评委在内，所有人都被那浑厚而富有感染力的声音吸引住了，过了好一会儿大家才反应过来应该用掌声来表达自己的感动，顿时全场掌声雷动。苏珊也意识到观众似乎开始接受自己，因为她看到全场观众一排又一排地站了起来，他们在欢呼、在喝彩，掌声、呐喊声以及跺脚声响彻整个现场，这都是冲着自己来的。

从没受到过如此待遇的苏珊大脑一片空白，表演结束后竟然无视评委的存在径直走下台去。这时一个声音飘来："回来，回来。"苏珊才意识到一切还没结束。她回过头来，发现评委们竟然也站了起来，评委皮克斯兴奋地说苏珊是自己参与该节目以来见到的最大惊喜，霍尔登则反省自己不该以貌取人，"毒舌"西蒙发表评论时苏珊紧张到了极点，怕自己受不了他那犀利的言语。"你站在舞台的那一刻起，我就知道我会听到动听的声音，我猜得一点不错。"西蒙的点评让苏珊心里的石头落了地。后来苏珊也被媒体称为"让西蒙闭嘴的英雄"。

大家一致认为苏珊的精彩表演征服了所有观众，所以毫不犹豫地给了苏珊三个"Yes"，苏珊顺利地晋级了。

苏珊凭借当晚的表现一炮而红，一路过关斩将，最终杀进决赛，虽然她最终遗憾地屈居亚军，但是高涨的人气却证明了她才是无冕之王，苏珊在一定程度上颠覆了以貌取人的价值观。美国《娱乐周刊》记者认为她"重新定义了美丽的标准"。美国金牌主持人戴安娜·索耶称其为"传奇人物"，"脱口秀女王"奥普拉·温弗瑞也邀请苏珊参加自己的节目，人们得知了苏珊的经历之后，纷纷流下了泪水，粉丝们表示很敬佩苏珊那难以想象的勇气。

虽然自己受尽嘲笑与奚落，却敢于登上英国最受关注的舞台展示自己，她以实际行动向世人证明了自己的自强不息。

请允许我任性一次：萨顶顶

几乎是在一夜之间，《万物生》这首歌火遍了大江南北，这首歌以我们从来没有感受过的风格横空出世，使得萨顶顶这个略显神秘的名字被广大观众熟知。

其实这已经是萨顶顶二度成名，上一次走红时，萨顶顶还叫周鹏，那时的周鹏，还没有走现在的民族风，还是一个头发烫得像钢丝，染着红指甲的前卫少女。当时的周鹏以这样的风格出现在央视第九届青歌赛的舞台上，并以不俗的表现获得了专业组通俗唱法比赛第二名，紧接着就和一家音乐公司签约并出了第一张专辑《自己美》。专辑取得了不错的反响，周鹏乘胜追击登上了无数人梦寐以求的央视春晚舞台，一时她的事业顺风顺水，成为人人羡慕的一颗新星。

其实人们不知道，就在大家认为她的事业蒸蒸日上、前途无量的时候，周鹏却一直觉得很烦恼，尽管表面上自己似乎成功了，有了自己的跑车和私人助理，出场费可以达到几万元，但是自己真的快乐吗？周鹏自己也不清楚。拥有这样的生活，没有理由不快乐，可每当周鹏走下舞台，一个人独处的时候，就会感到莫名的空虚，那个在舞台上梳着两个小辫、热力四射、活蹦乱跳的女孩子，真的是自己吗？自己现在做的音乐真的是自己喜欢的音乐吗？尽管每天工作很忙，总能接到各地的演出邀请，却感觉不到生活的充实，相反却有一种失落感。

周鹏冷静下来，意识到这不是自己想要的生活。她也曾努力去改变，她试着去和老板商量："我不想唱这种类型的歌曲了，我想做自己喜欢的音乐。"公司老总觉得她的想法太不可思议了，因为不知有多少人正羡慕周鹏现在的生活呢。

周鹏无法继续忍受下去了，作为一名歌手，不喜欢自己的造型，不喜欢自己的风格，甚至不喜欢自己装腔作势的声音，那是一种什么样的滋味？"很痛苦，在工作中完全得不到乐趣。"周鹏后来回忆说。

周鹏选择了离开，她要远离这喧嚣的感觉，去寻找内心的那片安宁。周鹏给公司全体工作人员留了一封告别信，其中有一句是：请允许我任性一次。

"任性"的周鹏淡出了人们的视线，人们再也听不到周鹏这个名字出现在娱乐圈，她似乎离开了自己喜爱的舞台。其实在消失的那几年里，周鹏并没有放弃音乐的梦想，她四处采风，寻找灵感，足迹遍布大江南北。周鹏不知道自己到底想要什么样的音乐，她踏上旅程就是为了寻找可以说服自己的答案。

有一次，周鹏偶然听到了一些人的歌声，听了一会儿，她突然发现自己不知不觉地已经热泪盈眶。是的，周鹏并不懂他们的语言，不知道那些歌声里到底在唱什么，但这不代表自己无法体会那旋律中表达的感情，那旋律是发自肺腑的，是自然而然流淌出来的，那感人至深的真情流露是任何苍白的歌词都无法替代的。周鹏隐隐感觉到，当人的感情浓烈到一定程度的时候，文字就无法准确地表达它了。在由内而外涌出的感情面前，文字的表现力是那么的有限，这也直接启发了周鹏后来决定用"自语"的形式来演唱歌曲，而"自语"并不是有

些人想象的那样是胡言乱语，而是发自内心的用感情传达自己的灵魂。周鹏开始学习梵文。她的灵感被彻底唤起，她每天都是在激动的情绪中度过的，随时都会提笔创作，记下那些激荡于内心的旋律，她要让所有人体会到什么样的音乐才是触动心弦的。

周鹏以"萨顶顶"的名字回归了乐坛，这个名字源于她外婆为她取的小名，同时带着她那首《万物生》。几年的经历所感受到的感情都倾注在了这首歌中，呢喃般的声音、古老的语言，使得时间在那一刻静止了。四年的旅程让萨顶顶体会到返璞归真才是一种美，这种感觉渗入到了萨顶顶的音乐中，甚至是生活的细节中。她演出时佩戴的装饰是自己做的，化妆也是自己一手包办："我想怎么化就怎么化。"萨顶顶没有做任何宣传，一切都顺其自然，在回归音乐本质面前，其他的一切都显得那么的微不足道。

原生态的风格，朴质的旋律，萨顶顶身心合一的演唱，直击人们的心灵，人们在喧嚣的环境中生活得太久了，渴望这种天籁之音。

《万物生》在日本推出只有一周后就脱销，它在世界50多个国家和地区发行，吸引了很多国家主流媒体的注意，同时在国际也获得了巨大的荣誉。2008年萨顶顶获得BBC世界音乐大奖亚太地区最佳女歌手奖，这也是有史以来首位获得该奖的中国人，同时她成为第一位被格莱美邀请的中国歌手，萨顶顶让外国人感受到一个神秘而古老的东方。《万物生》的出现也将中国流行音乐推向了新的高度。

但是萨顶顶也受到一些人的轻蔑，他们认为当年的周鹏只不过是一个唱迪曲的"下里巴人"，今天又何必装得那么高雅呢？萨顶顶对此一笑置之，她认为音乐没有高低贵贱，一切都是自己内心来的。

　　但是她那空灵清越的嗓音，另类夸张的服饰，给所有喜爱音乐的人以耳目一新的感觉，当之无愧地成为新生代的音乐巨星。

　　华丽转身的萨顶顶，不会再有当年的失落，每一天她都精力充沛。萨顶顶现在觉得自己很幸福，是啊，可以唱自己喜欢的音乐，与自然对话，还有什么比这更快乐的呢？

梦想就是想做好看的衣服：郭培

谈到郭培这个名字，也许未必有多少人会听过，但是在服装业内这却是一个如雷贯耳的名字。她是国内高级服装定制的先驱，曾经为丹麦王子和王妃定制旗袍，Lagaga 开演唱会时也曾穿着她设计的时装，她连续十年为央视春晚的主持人以及主要演员定制服装，更是 2008 年北京奥运会颁奖礼服的设计者。《纽约时报》在报道郭培时称赞她为"中国的香奈儿"。

郭培本来是一名品牌成衣设计师，一个偶然的机会，她发现国人不但开始追求服装的美观，同时还在追求着与众不同，尤其名人更是希望拥有属于自己的独特魅力。

"那时总觉得很多想法无法实现。"郭培回忆自己做成衣设计师时很感慨。郭培逐渐对做成衣失去了兴趣，尽管每天走在路上都能看到有人穿着自己设计的衣服。成衣设计无法使郭培的才华得到最大限度的发挥，而高级定制却可以，因为它意味着某种程度的天马行空。只要可以实现美与特立独行，你就可以任意发挥。

郭培因此创办了玫瑰坊服装公司，想要在中国服装定制领域开创一番事业。玫瑰，象征着雍容华贵、热烈以及威仪。郭培选择这个名字，表示她要为女性奉献一场华丽的视觉盛宴。

所谓高级服装定制，就是让设计师按照客户的实际情况为其量身定做服装，这种模式早已风靡国外，而在国内人们还没有这个概念。

最初，由于很多人不太了解服装定制，郭培就在橱窗中挂出自己设计的服装让顾客选择。因为自身是服装设计师出身，所以她精美的作品马上就吸引了很多人的目光。一天，一位女明星来找郭培，要求郭培为她设计一套适合出席电影节颁奖典礼的礼服，并预先支付了定金。郭培自然不会放过这样一个宣传公司的好机会，决心要精益求精地完成顾客的要求，只有对顾客负责，才会引起大家的注意。

郭培在设计服装的时候，恨不得每一个微小的细节都要注意到，制作面料是从意大利购买的限量版，扣子也是花大价钱从印度买来的，而刺绣部分则由郭培本人亲自带领完成。总之，每一个细节用的都是最好的材料，就这样，顾客付1万块钱定制的礼服，郭培花了1.8万才完工，她并不觉得自己亏本，而是觉得这是必须做到的事，给顾客完美的享受是服装定制公司的义务。

后来，那位女明星在电影节上获得最佳女主角奖，媒体在关注她的同时自然会同时关注她的着装，娱乐圈都注意到了这身惊艳四座的礼服，郭培作为礼服的设计者也因此一举成名，备受瞩目。

2009年，郭培设计了一套皇袍，让谁来穿呢？脑海里闪过无数人，但是觉得都不合适，郭培认为最美的女人是皇后，而年轻的模特在气质上根本就驾驭不了自己的设计。

卡门·奥利菲斯是一位传奇名模，在2009年的时候，她已经78岁了。郭培偶然在一本杂志上看到了卡门的照片，背对镜头的卡门穿着红色的衣服，郭培深受震撼，觉得卡门虽然已经78岁高龄，但是那种时尚的气质不输给任何一个年轻的模特，时尚能保持一辈子才是真

正的时尚。那一瞬间，郭培找到了自己寻找的皇后感觉，脑海里闪现了几个字：就是她！郭培顿时有了创意：她要把卡门请到北京，让卡门穿着自己设计的衣服走秀。

很多人都觉得郭培的创意很奇怪，卡门已经近80岁，早已功成名就，他们不太相信郭培真的能请得动这位纵横T台60年的名模。郭培了解到卡门的生日后专程赶到卡门的家里去探望，其实郭培心里也没有十足的把握，因为自己要卡门穿的服装有100斤重。卡门深受感动，问了郭培一个问题："你这一辈子最想做的事情是什么？"郭培想都没想就脱口而出："就是想做设计师。"这是心里话，卡门显然对这个回答很满意，感慨地说："和我一样，我这辈子就是想做模特。"听了郭培的创意之后卡门觉得她的确很有才华，于是从来没有来过中国的卡门决定和郭培合作。

这就有了郭培高级定制时装发布会上卡门的惊艳表演：卡门脚穿35厘米的高跟鞋，身穿100斤重的皇后礼服，在全场观众以及中外记者雷鸣般的掌声中登上T型台，卡门也很高兴，说郭培的创意是纯粹的美，让她觉得敬畏。

2008年，雅典奥运圣火采集仪式上，章子怡身着郭培设计的旗袍出现在现场，让人见识了温婉的东方女性的美，其身穿的旗袍上有中国龙、云朵、鹤等中国元素，旗袍将章子怡的气质衬托得更加高雅而尊贵，尽显国际巨星风采。其实，这并不是郭培与章子怡的首次合作。章子怡对郭培的设计情有独钟，表示很为郭培的设计骄傲。

郭培对自己的作品从来都很挑剔，已经达到了苛刻的程度，她知道高级定制必须突出"高级"二字，必须走在时尚的前沿，客人不满意的服装绝对不可以走出玫瑰坊。对于郭培来说，高级定制已经不仅仅是做衣服，而是承载了郭培的艺术追求以及梦想。每当别人问起郭培为什么会进军高级定制时，她总是豪爽地说："就是想做好看的衣服。"

一生就做一件事：爱丽丝·门罗

2013 年 10 月 10 日晚 7 点，诺贝尔文学奖获奖者名单揭晓，82 岁高龄的加拿大女作家爱丽丝·门罗最终获得这一文学界的最高荣誉。门罗以写作短篇小说闻名于世，有"加拿大的契诃夫"之称。也许是为了配合她短篇小说家的身份，瑞典文学院的颁奖词很短：当代短篇小说大师。门罗也因此成为诺贝尔文学奖有史以来的第 13 位女性获奖者，同时也是加拿大首位获此殊荣的作家。

门罗从一名普通的文学爱好者到摘得文学界的桂冠，一路上并不平坦，张爱玲说过"出名要趁早"，而门罗则是地地道道的大器晚成。她出身于一个很普通的家庭，母亲是小学教师，父亲是农民，但是家里有很多书，门罗就在这样的家庭背景下做起了作家梦。在当时看起来当作家并不是一个好选择，作为一个女人，从事文学创作常常被认为是僭越。门罗没有理会这些客观因素，从少女时代就开始提笔写作，一写就是几十年，从未间断。门罗可不仅仅是追求做一名"文艺青年"那么简单，她在二十几岁时就已经有了要做伟大作家的想法。

门罗开始写作时已经结婚，尽管那时她才 20 岁，却成了一个"小妇人"，但她并没有放弃自己的梦想，不过也注定了她没法做到专职写作，一切只能在业余时间进行。

门罗说人只要可以控制生活，就一定可以找到时间。

尽管门罗和一切家庭妇女一样，平时的工作重心是家务与孩子，但是她尽一切可能挤出时间进行创作，当年幼的女儿熟睡之后，她就会拿起心爱的笔写几个字。写作时突然被哭声、吵闹声打断是极为正常的事，那一定是女儿因为各种原因醒来要找妈妈，门罗只得连忙丢下笔，直奔女儿的小床，等女儿再次入睡后她就继续写，这导致她经常需要很长时间来写完一句完整的话。孩子午休时她除了要挤时间写作以外，更多时就是坐在沙发上，一边喝着咖啡一边构思故事情节、人物对话。慢慢地就形成了习惯，即使孩子长大成人后，门罗还是这样盯着窗外打腹稿。在回忆那段岁月时，她坦诚自己甚至并不喜欢拥有自己的孩子，对自己的年轻时光也没有感到留恋："年轻并不让我觉得美好。"门罗觉得如此艰难的写作方式，现在的女性已经无法做到。

门罗一共生了四个孩子，其中一个夭折。每次怀孕时，门罗不但不会休息，反而会更加疯狂地写作，因为她清楚一旦孩子出生就会影响到自己的创作，所以必须要抓紧时间。

由于时间极其有限，门罗不太可能写太长的作品，这也就是为什么我们看到她几十年如一日地创作短篇小说。能够在文坛上扬名的作家基本都是依靠长篇巨著，想靠短篇获诺贝尔奖更是难以想象，写短篇是一件很不讨好的事。对此门罗曾经幽默地表示自己很佩服那些能写长篇的作家，但是如果自己也写那么长，万一出现什么意外岂不是前功尽弃？其实门罗是以写长篇小说的心态去写短篇，短短的篇幅里没有限制住门罗文字的博大精深，20页的文字能跨越几十年，而且还能把故事讲得明白透彻。

门罗就这样一直写到了28岁，还是没能写出什么名堂，过于零碎

的时间严重地限制了她的发挥，无数次地给出版商寄出自己的手稿，但无一例外都在几周后被退回。不过有时候门罗也会因为太"较真"而主动要回自己的稿子，然后去添加一两个在她看来很重要的单词。

失败不仅让门罗有点灰心丧气，甚至觉得自己永远也没有希望成为真正的作家，而自己是那样的热爱写作。从某种程度上讲，结婚对门罗来说也是为了能有一个使自己安顿下来的地方做自己喜欢做的事。门罗的笔下大多是一些平凡女性，故事题材也大多是这些小人物的爱情、婚姻以及家庭琐事，这曾经被外界认为很无趣。

后来门罗的孩子大了一些，可以上学了，她抓住这个时机，每天几乎把所有的时间都用在了写作上，从早晨一直写到家里人回来吃午饭，午饭后继续写到下午两点半，然后赶在晚饭前把家务做完。写完一篇作品，还要历经无数次"痛苦"的修改。

门罗一直写啊写，似乎生活就是为了写作，其他人都在学习打桥牌、打网球，而她却不能，门罗其实也很想学习那些东西，但是她知道自己没有时间。

后来，她的作品开始在一些文学杂志上发表，1968年，已经37岁的门罗终于出版了自己的第一部短篇小说集《快乐影子之舞》，这是一部前后花了20年才完成的作品，她凭借这部作品获得了加拿大总督文学奖，从而正式开启了自己的文学之路。门罗后来一路势如破竹，将各种奖项尽收囊中，门罗的创作力在50岁之后像火山一样爆发，那是厚积薄发的结果。而这最终成就了她获得诺贝尔文学奖。当然，贯穿其中的，仍然是不间断的固定写作。

门罗成功的原因除了自身的写作天赋以外，更主要的是她能耐得住寂寞，能够长期坚持去做一件事。她从少女时代就怀揣文学梦，经历两次婚姻，四个孩子，枯燥至极的主妇生活，这些都不曾真正摧毁这个梦想，而是几十年如一日地去做同样的事，即使后来功成名就，门罗也表示放弃写作会使自己失去激情，可见在门罗内心对写作是何等的热爱。

　　门罗的作品里有这样一句话：用一生做一件事，即使知道会失败，但是仍然值得。

拥有一家别具一格的美食店一直是自己的梦想：尹峰

随着《非你莫属》的热播，尹峰和她的咖啡之翼被越来越多的人熟知。

咖啡之翼是尹峰一手打造的咖餐厅。它以正宗的食材、地道的风景和完美的烹饪，为广大食客提供了与一般美食完全不同的美味。其餐厅充溢着独特的品味和精神气质，让人喜爱难忘。

一直以来坚持做自己的个性咖餐厅是尹峰的梦想。

尹峰出身于很好的家境，有着一位在饭食上精益求精的母亲，这让她从小就对美食有着敏感的触觉。她说她妈妈总是会把菜做得色香味俱佳，让人看着特别有食欲。对美食的情有独钟，让尹峰在大学期间吃遍了长沙各种小吃、名吃。谈恋爱后，男朋友经常去她家里吃饭，于是，尹峰就尝试着自己去做菜，没想到自己做出来的菜肴也是色香味俱佳，她说没想到自己竟然继承了母亲在做菜时追求细节和完美的风格。

也许是天分，也许是喜欢，美食在尹峰的心里早已扎下了根。只是最初在内心并没有明朗化。

大学毕业，尹峰在国企工作了两年后，不安于朝九晚五的生活习惯，于是，决定创业，与朋友共同经营加盟了一家意大利服装连锁店。从店面装修到服装的选购都由尹峰来完成。因为尹峰在上大学时走的就是文艺范，所以开店之后，她很讲究格调和细节，从橱窗的装饰到店里服装怎样摆放，如何能吸引顾客的眼球等，尹峰都极尽用心，而那些精心的布置也显示出了尹峰独到的商业审美价值。与朋友共同经营的服装店，为尹峰带来了一大笔收入。

喜欢美食的尹峰，虽然开服装店赚了一大笔钱，可她最后还是决定坚持心中的梦想，做美食。于是，她放弃服装经营，并利用赚来的这笔钱开起了一家西餐厅。餐厅开起来之后，尹峰发现许多问题不好解决，如菜怎么做、服务流程怎么设计、如何管理员工等。为了更好地解决这些问题，尹峰又去了广州的加盟店总部，到那里以一名普通服务员的身份学习取经。

第一天工作下来，她就感觉整个人像散了架一般，回到酒店后便趴在了床上。身体的疲累，疼痛难忍的脚上的水泡，让尹峰当即哭了起来，她一边哭一边想，自己是否还要坚持下去。尹峰从小生长在优越的家庭环境中，大学毕业后，又在国企工作了两年，从没吃过苦，因此这一次的劳累加疼痛，自然会让她觉得委屈，会打退堂鼓。但第二天醒来后，她坚定了走下去的信念，觉得自己既然已经选择了这条路，怎么好意思说放弃，再怎么苦也得坚持，何况，拥有一家别具一格的美食店一直是自己的梦想。就这样，她贴上创可贴又上班去了。一个月后回到长沙，尹峰俨然觉得自己已经是个专家，而就在当年她的西餐厅便实现了盈利。

西餐厅的盈利，并没有让她感到满足，因为在她心里一直有一个梦，就是打造一个流淌着文化气息的咖餐厅。而这与她年少时一段小小的经历不无关系。

15 岁那年,尹峰与爸爸去上海,在那里爸爸带着她走进了一家红房子餐厅。一进门,屋内优雅的环境,彬彬有礼的待客之道,立刻让尹峰有了一种别样的感受。那时,她才明白,饮食除了色香味之外,还是一种文化。也许是基于这份深刻的记忆,让尹峰无时无刻不想着将来有一天自己要拥有一家独具特色的咖餐厅。在自己的咖啡厅里不止有美食,还要一种特有的文化气息,让人们在享受美食之余,感受到一种独有的精神气质。

由于时刻想要拥有自己特色的餐饮服务的念头,所以尹峰在 2003 年决定开创真正属于自己的咖啡之翼。

当时长沙已经开起了很多家西餐咖啡厅,但尹峰为了自己的梦想没有退却。为了让更多的人,更快地了解咖啡之翼,她充分利用自己的人脉圈子,为咖啡之翼造势,举办多场大型活动,邀请主持人何炅、马可,为咖啡之翼录制"店歌",她还参加超女节目录制并将获奖歌手请到咖啡之翼,以歌迷见面会的形式亮相。咖啡之翼就这样高调亮相于长沙。不能不说,那些活动为咖啡之翼的迅速成长铺平了道路,使它很快成了长沙文化圈的新地标。尹峰也为自己的梦想得以实现兴奋不已。所有的付出不都是为了埋藏在心中多年的愿望吗?

为了打造长沙最时尚的小资文艺范场所,2006 年,她又买下了她的第一家店所在的中心写字楼。在购买这幢写字楼时,由于资金不够,她的父母、姐姐和她自己将全部房产都抵押给了银行。尹峰说:"当时看到爸妈签字的样子,我的眼泪一下子流出来了。"她说自己只顾往前跑，将家人都置于生活的危险边缘。而这，都是为了将咖啡之翼做好。她说没有选择，必须要做好。我就是要打造美食兼具特有文化气息的咖餐厅，这就是我的梦想。

为梦想中的自己努力：刘岩

刘岩是中国青年舞蹈家，多次获得全国大奖，也参与过央视春晚的演出。

2008 年 7 月底的一天，距离北京奥运会开幕只有几天的时间了，近万名观众欣赏着精彩的彩排表演。在这次奥运会开幕式中有一个独舞节目，表演者正是刘岩。然而不幸的是就在这次彩排中她不慎从舞台上摔了下来，脊椎严重受伤，导致腰部以下瘫痪。

北京奥运会开幕式结束之后，人们从一篇关于一位受伤舞蹈演员的报道中知道了刘岩，了解到在开幕式排练时这位年轻的舞蹈演员不幸摔伤，以致后半生只能与轮椅为伴的事。当人们在相关报道中看到这位漂亮的姑娘时，无不为之难过与惋惜，同时也对这位遭遇了不幸，依然以坚强的微笑面对世人的女孩肃然起敬。

当然，刘岩也一度消沉过，在受伤的初期，她从来不与朋友主动联系，不想接触和舞蹈有关的一切，但是刘岩生性乐观，即使是那段情绪不稳定的日子里，刘岩也从来没有摔东西、把火发在别人身上这样的举动，而且她很快就从巨大的阴影中走了出来，开始渴望回归生活，人终究是要面对现实的，生活中毕竟还有别样的美好在等待着这位美丽的姑娘，用刘岩的话来说就是"已经没有时间来哀叹命运的不测"。

作为一名优秀的舞蹈演员，是不可能真的放弃舞蹈的，即使已经被命运宣判了这样的结果，也会抓住一切希望去从事自己热爱的事业。

刘岩做出了一个大胆的决定：继续从事舞蹈事业！自己虽然无法站起来了，就是坐在轮椅上，也要继续跳舞！

首先她要面对的是康复训练。刘岩每天要坚持数小时强度非常大的康复锻炼，训练时她的双臂需要戴上沉重的器械，这样不到十分钟她就会大汗淋漓。而除了这个，还有其他的训练，如躺在器械上训练腹肌、哑铃、举重，等等。而这些对于已经行动困难，只有依靠别人的帮助才能够坐起来的刘岩来说，难度可想而知，而且整个过程非常痛苦。但为了能早日回归生活，刘岩对这样的困难是不屑一顾的。每天上午锻炼的时候，刘岩的脸都会被疼痛折磨得几乎变形，衣衫没有一天不是湿透的，但她凭着顽强的信念以及家人、朋友对她的关怀，硬是挺了下来。一个已经经历了巨大磨难的人，还有什么苦不能吃呢？通过顽强的训练，每过一段时间她就会有一点进步，最终，不到一年的时间，刘岩就可以坐在轮椅上活动了。

此时的刘岩，已经在考虑如何回归舞台的事了。

过了第一关，更困难的还在后面，舞蹈是一门舞台艺术，如何才能把它成功复制到轮椅上，如何凭借轮椅体现舞蹈的艺术性以及魅力呢？为此，刘岩开始了艰难的尝试，她坐在轮椅上，只要一做舞蹈动作，马上就会失去平衡，连人带轮椅重重地摔在地上，周围的人看到这个样子都很心疼她。而更伤心的莫过于刘岩自己，过去在舞台上那种随心所欲的感觉再也找不回来了吗？这对一个以舞蹈为信仰的人来说是多么大的挫折，但刘岩摔倒之后马上会强忍痛苦重新再来。而在这其中，身边的伙伴们以及父母给予了她极大的支持。

无数次地摔倒，无数次地爬起，历经种种失败，刘岩再一次战胜了困难，她坐在轮椅上也可以用手自如地舞蹈了。虽然这与过去用腿舞蹈是不一样的感受，但刘岩觉得虽然辛苦仍然可以从中体会到快乐。用手跳舞颠覆了刘岩 20 年的舞蹈习惯，但是刘岩为之付出的热情与过去是一样的。

2014 年，刘岩参与了中法建交 50 周年的重点项目舞蹈音乐剧《红线》的演出，带给观众极大的震撼。

同时刘岩也开始接受媒体的采访，参加各种各样的活动，她说："我发现了自己拥有的潜在社会价值，远远不只是局限于一个舞蹈演员。"

是的，现在刘岩不仅仅关注自己的领域，经历了这场变故以后，她的视野也逐渐变得开阔起来，意识到自己可以做很多事，比如慈善。其实做慈善的念头，早在刘岩还躺在病床上时，就已经开始酝酿了，那是刘岩受伤 5 个月之后，一位领导到医院看望她并询问她需要什么帮助时，刘岩就说她想去帮助那些需要帮助的人。虽然在受伤之前，刘岩也做过慈善，但那时对慈善的体会远没有现在这样深刻。

而真正促使刘岩将慈善想法付诸于行动的，是在刘岩看到那些有家长呵护的孩子们有机会培养自己的爱好时。那时她想，那些孤儿的爱好由谁来培养呢？于是她创办了一个"刘岩文艺专项基金"，专门为孤儿以及残疾儿童提供艺术教育，包括舞蹈、声乐以及美术三个方面，刘岩自己无法像过去一样从事艺术，但她希望那些贫困边远山区的孩子们能够拥有接触舞蹈、享受舞蹈的机会。只要有时间，刘岩就会到基金资助的那些学校去给孩子们上课，教孩子们关于舞蹈的知识，帮助孩子们树立自信。看着孩子们露出的一张张笑脸，刘岩也觉得自己的生活很充实，很幸福，孩子们的那一声声"刘岩姐姐"成了她现在最喜欢的称呼。刘岩似乎从这些活泼的孩子身上看到了当年的自己。刘岩告诉孩子们要坚持梦想，要勇于战胜挫折。刘岩认为在为别人提供帮助的同时，自己得到的并不比付出的少，因为她也感受到了精神上的升华。

刘岩热爱舞蹈，同样热爱社会公益，"生活非常不容易，每个人都应该活出自己的精彩。我希望能够帮助别人，影响别人，这就是我活着的意义。"从一名舞者到一名慈善家，刘岩用行动让我们看到了她藐视命运的决心。

追赶野兔的"花蝴蝶"：格里菲斯·乔伊娜

格里菲斯·乔伊娜是美国当代最优秀的女子短跑运动员，她最传奇的经历是在 1988 年的汉城奥运会上分别以 10 秒 54、21 秒 34 的成绩夺得 100 米、200 米的金牌，并打破 200 米世界纪录。乔伊娜曾经以 10 秒 49 的惊人成绩打破百米世界纪录，在这之前 10 秒 60 曾经被认为是女子百米短跑的极限。她创造的这两项纪录至今仍然无人打破，是当之无愧的"世界第一女飞人"。这也使得格里菲斯·乔伊娜在英年早逝 16 年之后的今天仍然被人不断地提起，她已经成为一座无法超越的里程碑。

在很多人的印象中，田径场上拼的就是力量与速度，运动员恐怕与时尚是没有什么关系的，但是乔伊娜却完全颠覆了这样的看法。乔伊娜本人有着漂亮的外貌，黑白分明的双眸，一头披肩的长发，健美的身材，除了具有运动天赋之外，还特别喜欢服装设计，这使得乔伊娜在赛场上具有了其他运动员不具备的时尚气质。她每次出场比赛，除了展示其惊人的速度之外，她那与众不同的服饰也常常成为赛场上的焦点，因此被称为"花蝴蝶"。

乔伊娜第一次在赛场上吸引大家的注意是在洛杉矶奥运会上，尽管那次她仅仅获得了一枚银牌，但因其另类大胆的造型却使得所有人记住了这位美丽的黑人姑娘：色彩鲜艳的比赛服上面涂着美国国旗图案以及她长达六英寸的指甲。

1988 年汉城奥运会的女子百米短跑赛场上，万众瞩目，大家都在焦急地等待着下一个女飞人的出现，所有人都屏住呼吸，而历史性的时刻即将到来。

　　在起跑线上，一名黑人女运动员显得格外引人注目，她就是本次比赛的大热门乔伊娜。大家如此关注乔伊娜，不仅仅是因为她在几个月前的美国国内奥运选拔赛上一鸣惊人，打破了世界纪录，同时还因为她此时的衣着打扮。乔伊娜显然不仅仅只是重视训练，她还极为重视自己的外表，并把梳妆打扮放在了与训练同样重要的地位。甚至在每次比赛之前，乔伊娜都要精心打扮一小时，好像她不是来参加女子百米比赛而是来参加选美的。

　　乔伊娜依然留着那标志性的长指甲，熟悉她经历的人都知道，乔伊娜在成为田径巨星之前曾是一个小有名气的模特，因此她走向赛场时给人一种走 T 台的感觉，她也的确把赛场当成了向世界展示自己美丽的 T 台。除了这些让大家眼前一亮，乔伊娜的衣着也最奇特，那是由她自己亲自设计的单腿紧身连体运动裤，一条有裤腿，另一条没有裤腿。这样的运动服在此前是从来没有出现过的，看起来已经不仅仅是一件运动服，更像是一件艺术品。更使人吃惊的是，乔伊娜每次比赛穿的运动服都是自己设计，她是以服装设计师的心态来精心打造自己的运动服的，她就是要让自己惊艳登场，这样时尚的运动员恐怕是绝无仅有的。

　　发令枪响了，乔伊娜一眨眼就占据了优势，将所有的对手甩得远远的，这时人们注意到，其他运动员害怕影响速度，不是将头发竖起

就是干脆剪成短发，而乔伊娜为了不影响自己的美丽形象，逆其道而行，将一头黑色秀发披散在肩头，犹如黑色瀑布，比赛时任凭一头秀发在脑后飘扬。比赛开始时的确让人替她捏把汗，顷刻之后就不必为她担心了，在距离终点还有 10 米时，观众已经看到了浮现在乔伊娜脸上的笑容，她已经胜券在握。

冲过终点的乔伊娜高高扬起她那有着鲜艳指甲的双手，被丈夫兴奋地抱起，飘逸的长发和魅力四射的笑容，成为赛场上一道靓丽的风景，顿时全场掌声雷动，人们不只是欣赏一场精彩的体育赛事，同时还看到了一名模特的表演。

"花蝴蝶"的美誉传遍了世界，乔伊娜以自己的实际行动改变了人们对体育赛场的刻板印象，使得运动场上不再仅仅是体育的竞技，同时也是展现运动员个性的最佳舞台，从此之后的田径赛场上，时尚的运动员层出不穷。

乔伊娜退役之后，开始把所有的精力放在服装设计、时装模特上面，这当然得益于乔伊娜对时尚的爱好，还在当运动员时，乔伊娜对色彩和样式的想象力就让职业服装设计师叹为观止。尽管乔伊娜热爱时尚，对时尚也有自己的理解，但当她真正地把自己的时尚理想付诸现实时，很多人还是不完全相信她会有所成就。而乔伊娜成功了，她成功地为 NBA 印第安纳步行者队设计了队服，从而证明了自己的时尚不仅可以展示在赛场上，在职业领域也可以为大家带来惊喜，而她在汉城奥运会上的运动服，也成为永恒的经典。

乔伊娜将女人爱美的天性完美地带到了赛场上，她每次出场时的衣着打扮，都成为比赛中的一大看点，正是她的出现，为田径运动增添了史无前例的魅力，她将体育与时尚紧密地结合起来，成为体育史上的一段佳话。